Bibliografische Information der Deutschen Nationalbibliothek

Die Deutsche Nationalbibliothek verzeichnet diese Publikation in der Deutschen Nationalbibliografie; detaillierte bibliografische Daten sind im Internet über http://dnb.d-nb.de abrufbar.

© 2007 oekom, München
oekom verlag, Gesellschaft für ökologische Kommunikation mbH
Waltherstraße 29, 80337 München

Umschlagfoto: photocase.com
Druck: Bosch-Druck GmbH, Ergolding
Dieses Buch wurde auf 100% Recyclingpapier gedruckt.
Der oekom verlag kompensiert unvermeidbare Emissionen durch Investitionen in ein Gold-Standard-Projekt. Mehr Informationen unter www.oekom.de

Alle Rechte vorbehalten
ISBN 978-3-86581-044-1

Susanne Schön, Sylvia Kruse, Martin Meister
Benjamin Nölting, Dörte Ohlhorst

Handbuch Konstellationsanalyse

Ein interdisziplinäres Brückenkonzept
für die Nachhaltigkeits-,
Technik- und Innovationsforschung

Inhaltsverzeichnis

Vorwort 7
(von Werner Rammert)

1 Einleitung 9

2 Konstellationsanalyse – wie geht das? 15
  2.1 Grundbegriffe der Konstellationsanalyse 15
  2.2 Spielregeln der Konstellationsanalyse 21
  2.3 Die drei grundlegenden Arbeitsschritte 24

3 Charakteristika, Inspirationsquellen und Verortung der Konstellationsanalyse 47
  3.1 Die Konstellationsanalyse als Brückenkonzept 47
  3.2 Der konzeptionelle Kern: Denken in Relationen von heterogenen Elementen 49
  3.3 Die methodische Basis: Die Nutzung der visuellen Sprache 59

4 Anwendungsbereiche der Konstellationsanalyse 65
  4.1 Strategien entwickeln 68
  4.2 Die Analyse von Steuerung in Entwicklungsprozessen 80
  4.3 Perspektivenvielfalt strukturieren 98
  4.4 Empirisch-analytische Teilergebnisse in interdisziplinären Forschungsprojekten integrieren 114
  4.5 Fazit zur Anwendung der Konstellationsanalyse in den Fallbeispielen 132

5	Anwendung als Weiterentwicklung der Konstellationsanalyse – Reflexion und Ausblick	135
	5.1 Die Grenzen der Konstellation und ihre Verortung im Kontext	136
	5.2 Die Funktionen der grafischen Darstellung	137
	5.3 Anforderungen aus Sicht der transdisziplinären Forschung	139
	5.4 Qualitätskriterien für die Konstellationsanalyse	143
	5.5 Die Anschlussfähigkeit der Ergebnisse	147
	5.6 Fazit und Ausblick	148

Erfahrungen mit der Konstellationsanalyse 151
(von Johann Köppel)

Literatur 159

Vorwort

Es war eine glückliche Konstellation, die Sozial- und Technikwissenschaftler zusammenführte, um dieses kluge und hilfreiche Handbuch entstehen zu lassen. Die Sterne standen günstig für eine die Disziplinen und die einzelnen Projekte übergreifende Arbeit. Das Zentrum für Technik und Gesellschaft (ZTG) an der TU Berlin versammelte Personen mit verschiedenen fachlichen Kompetenzen und Forschungsprojekte aus allen wissenschaftlichen Richtungen. Themen der Technikentwicklung, der Innovation und der Nachhaltigkeit verlangten nach Kenntnissen und Kompetenzen aus Ingenieur-, Planungs- und Sozialwissenschaften. Die interdisziplinäre Kooperation innerhalb der Forschungsprojekte führte zu verstärkter Aufmerksamkeit und zum intensiven Austausch über die Probleme. Da war es eine günstige Konstellation, dass sich in den Räumen des ZTG verschiedene Praktiken und Wissenskulturen kreuzten, Routinen des Forschungsalltags und theoretische Reflexionen abwechselten, disziplinäre Denkweisen und interdisziplinäre Kooperation zusammenkamen, Ingenieurtechniken und sozialwissenschaftliche Konzepte aufeinander stießen und sich unter Zeitdruck gemanagte Drittmittelforschung und von unmittelbarer Umsetzung entlastete akademische Wissenschaft mischten.

Konstellationen bestehen nicht nur aus Personen oder nur aus Dingen. Das Besondere dieses begrifflichen Konzepts besteht darin, dass es heterogene Vielheiten zum Gegenstand der Beobachtung und Beschreibung macht. Es berücksichtigt die den Sozialwissenschaftlerinnen und Sozialwissenschaftlern so wichtigen Akteure, einzelne Personen, Gruppen und Organisationen, beschränkt sich jedoch nicht auf die Erfassung so zugeschnittener sozialer Strukturen oder sozialer Systeme. Es schließt auch die in den Natur-, Ingenieur- und Planungswissenschaften relevanten Größen mit ein, wie natürliche Dinge physikalischer und organischer Art und technische Sachen jeglicher Größe und Komplexität, betrachtet sie aber nicht nur als naturale Systeme oder als rein technische Netzwerke.

Das Konzept der Konstellation liegt auf einer ähnlich abstrakten Ebene wie die Konzepte der Struktur, des Systems oder des Netzwerks. Es unterscheidet sich jedoch von ihnen dadurch, dass es besonders dafür geeignet zu sein scheint, das Verschiedene im Zusammenhang zu sehen, die Einheit in der Vielfalt zu erfassen. Es ist also der richtige Begriff für gemischte Gegenstände, denen wir heute in der Technik-, Innovations- und Nachhaltigkeitsforschung zunehmend begegnen. Es ist die pragmatische Brücke zwischen verschiedenen Begriffswelten von Naturwissenschaftlern, Ingenieuren und Sozialwissenschaftlern, die für gemeinsame Analysen, Bewertungen und Planungen immer dringender benötigt wird. Es ist schließlich das angemessene Konzept für eine interdisziplinäre Kooperation, wie sie sich für alle Formen von Forschung, von der rein akademischen Analyse bis hin zur anwendungsorientierten Entwicklung, durchzusetzen scheint. Daher scheint mir dieses Handbuch, das selbst aus einer solchen Konstellation hervorgegangen ist, bestens geeignet, aktuelle Forschung diesen gemischten Typs anzuregen, anzuleiten und anhaltend zu verbessern.

Prof. Dr. Werner Rammert
Institut für Soziologie
Technische Universität Berlin

1 Einleitung

Die Welt ist vielfältig und komplex. Dies ist eine Binsenweisheit, die allerdings hohe Anforderungen an die Wissenschaft stellt, denn in Gegenwartsgesellschaften sind technische, natürliche und soziale Entwicklungen eng miteinander verflochten. Heterogene Teile bilden zusammenhängende Bündel, die charakteristisch sind für viele Probleme, die in der Wissenschaft und der Alltagswelt als drängend wahrgenommen werden.

Einen solchen Untersuchungsgegenstand bezeichnen wir als Konstellation. Konstellationen sind dadurch charakterisiert, dass sie ein gewisses Maß an *Ordnung* aufweisen. Diese lässt sich jedoch weder einfach aus dem Handeln von einzelnen, zentralen Akteuren noch aus allgemeinen Gesetzmäßigkeiten wie physikalischen Gesetzen, Marktgesetzen oder einer einzelnen Systemlogik ableiten. Stattdessen beruht die Ordnungsbildung auf den Beziehungen und Wechselwirkungen zwischen den Elementen und Akteuren in den jeweiligen Konstellationen. Sie sind im Zeitverlauf nicht starr, sondern dynamisch, ohne instabil und völlig unübersichtlich zu erscheinen. Doch wie lassen sich solche Zusammenhänge systematisch darstellen und analysieren, ohne die Vielfalt der relevanten Beziehungen und Wechselwirkungen zwischen Akteuren und anderen Elementen zu beschneiden?

Es ist ein weiteres Merkmal solcher Konstellationen, dass sie aus sehr *unterschiedlichen Perspektiven* analysiert werden können und müssen, um ihrer Vielfalt und Heterogenität gerecht zu werden. Und genau darin besteht die Schwierigkeit für die Wissenschaft, denn die fachlich unterschiedlichen Ansatzpunkte der Beteiligten und Forschenden und ihr jeweiliges Wissen über Konstellationen fügen sich nicht einfach zu einer einzigen Untersuchungs- und Erklärungsperspektive. Es ergibt sich eher ein Puzzle von – je für sich genommen legitimen und informierten – Teilen, die jedoch im Blick aufs Ganze kein einheitliches Bild ergeben. Dadurch rückt das Problem in den Vordergrund, wie mit einer Vielfalt verschiedener Perspektiven in der Forschung umzugehen ist. Verschiedene Untersuchungszugänge, Datenbestände und Wissensformen müssen gebündelt werden, um ein mögliches Ordnungsmuster der jeweiligen Konstellation herauszuarbeiten, das auch von allen Sichtweisen geteilt wird. Die Frage ist: Wie macht man das?

Das zunehmende Auftreten oben beschriebener Problemlagen hat dazu geführt, dass problemorientierte Forschung an Bedeutung gewinnt. Damit ist eine Forschung gemeint, die ihre Fragestellungen nicht aus rein wissenschaftlichem Erkenntnisinteresse heraus entwickelt, sondern zur Lösung von gesellschaftlichen Problemen beitragen will. Dies erfordert in den allermeisten Fällen das Überschreiten von Disziplinengrenzen. Inter- und transdisziplinäre Forschungen[1] haben Konjunktur, weil sich die Wissenschaft solcher Problemlagen verstärkt annimmt und annehmen muss, wenn sie zur Bearbeitung von Fragestellungen und zur Bewältigung von Problemen in der modernen Welt beitragen will.

Dazu werden in der Wissenschaft unter Stichwörtern wie dem „neuen Modus der Wissensproduktion" (Gibbons et al. 1994) lebhafte Debatten geführt, ob und wie inner- und außerwissenschaftliche Relevanz- und Qualitätskriterien miteinander verbunden werden können. In diesem Kontext steht auch unser Ansatz. Die Herausforderung für die wissenschaftliche Untersuchung von Konstellationen besteht darin, das Spannungsverhältnis zwischen Problemorientierung, die eine ständige Neu-Kombination von Wissensbeständen erfordert, und Wissenschaftsdisziplinen, die mit erprobten Methoden und Theorien wissenschaftliche Qualität garantieren, auszubalancieren. Bislang fehlt es dafür an gangbaren Methoden und Verfahren, wie die verschiedenen Wissenschaftsdisziplinen – und die sicherlich ebenso berechtigten Perspektiven der sozialen Akteursgruppen – konstruktiv zusammengeführt werden können. Aus diesem Grund beteiligen wir uns nicht an der allgemeinen Diskussion um neue Formen der Wissensproduktion, sondern stellen ein methodisch-analytisches Brückenkonzept für die interdisziplinäre und transdisziplinäre Forschung vor: die Konstellationsanalyse.

Das Brückenkonzept Konstellationsanalyse geht davon aus, dass heterogene Elemente, die sich nach Typen unterscheiden lassen, aber prinzipiell als gleichwertig angesehen werden, miteinander in Beziehung stehen und sich so zu Konstellationen fügen. Diese Konstellationen werden ausgehend von ihren zentralen Elementen, also ihren kleinsten Einheiten, und ihren Beziehungen zueinander beschrieben.

Methodisch beruht die Konstellationsanalyse auf der Visualisierung der zu untersuchenden Konstellationen. Diese werden an Hand ihrer Elemente und Relationen ‚kartiert'. Die grafischen Darstellungen bilden den Ausgangspunkt, um Expertisen aus verschiedenen Wissenschaftsdisziplinen und der außerwissenschaftlichen Praxis aufeinander zu beziehen, und leiten den inter- und transdisziplinären Aushandlungsprozess. Im Wechsel werden die grafische Darstellung mit der Konzentration auf das Wesentliche und die sprachliche Erläuterung mit einer differenzierten Begründung verändert, vertieft und präzisiert.

---

1 Unter interdisziplinärer Forschung verstehen wir die Bearbeitung eines Problems oder einer Fragestellung durch verschiedene Disziplinen, wobei die Zusammenarbeit durch eine iterative Verschränkung der Disziplinen und ihrer Wissensbestände im Forschungsprozess gekennzeichnet ist (in Abgrenzung zur multidisziplinären Forschung, bei der die Disziplinen getrennt ein Problem oder eine Fragestellung bearbeiten und ihre Teilergebnisse am Ende des Forschungsprozesses zusammentragen). Unter transdisziplinärer Forschung verstehen wir die Bearbeitung eines Problems, die dessen Komplexität erfasst, dabei die Diversität von wissenschaftlichen und außerwissenschaftlichen Sichtweisen berücksichtigt und sie zu einer praktischen Lösung zusammenführt (Pohl & Hirsch Hadorn 2006, S. 26).

Kartierung einer Konstellation

Das Ergebnis einer Konstellationsanalyse ist wegen der spezifischen Ordnungsmuster der jeweiligen Konstellationen und der Perspektivenvielfalt, mit der sie betrachtet werden können, offen. Zwei Aspekte sind daher für den Untersuchungsgang entscheidend:
- die Fragestellung, mit der auf die Konstellation geschaut wird, und
- das Forschungsteam mit seinem jeweiligen Wissen, seinen normativen Orientierungen sowie dem Kommunikationsverhalten und Machtgefälle im Team.

Die Konstellationsanalyse ist als Handwerkszeug für die interdisziplinäre Zusammenarbeit konzipiert und hat instrumentellen Charakter. Sie kann dabei verschiedene Zwecke erfüllen: zum Beispiel die Analyse und Beschreibung komplexer Untersuchungsgegenstände, die Strukturierung eines Problemfelds oder die Strukturierung von Diskursen, die Wissensintegration, die Strategieentwicklung, die Projektentwicklung und Kooperation mit außerwissenschaftlichen Partnerinnen und Partnern. Sie ist unserer Einschätzung nach besonders geeignet für Fragestellungen der Nachhaltigkeits-, Technik- und Innovationsforschung, deren Gegenstandsbereiche oft als Konstellationen aufgefasst werden können.

Wegen ihrer Problemorientierung und des rekonstruierenden Ansatzes, der von den einzelnen Elementen einer Konstellation ausgeht, eignet sich die Konstellationsanalyse als Brückenkonzept: Sie ist keiner Theorie und keiner Disziplin im besonderen Maße verpflichtet, sondern dem Gegenstand und der Fragestellung, und entspricht damit einer wichtigen Prämisse inter- und transdisziplinärer Forschung (Baccini 2006, S. 29). Der Brückenschlag zwischen verschiedenen Disziplinen wird insbesondere durch zwei Dinge erleichtert: Erstens werden die heterogenen Elemente in einer Konstellation prinzipiell als gleichwertig angesehen und zweitens werden durch die grafische Darstellung die unterschiedlichen Wissensbestände als gleichrangige aufeinander bezogen. Dies sehen wir als die besonderen Stärken der Konstellationsanalyse an.

Woher kommt die Konstellationsanalyse?

Die Konstellationsanalyse wurde von den fünf Autorinnen und Autoren, die am Zentrum Technik und Gesellschaft der TU Berlin und bei inter 3 – Institut für Ressourcenmanagement in inter- und transdisziplinären Forschungsprojekten arbeiten, konzeptionell und methodisch entwickelt. Sie konnten dabei – über ihre eigenen fruchtbaren und leidvollen Erfahrungen und Erkenntnisse hinaus (Nölting et al. 2004; Schophaus et al. 2004) – auf die jahrelange inter- und transdisziplinäre Forschungspraxis der beiden Institutionen zurückgreifen. Dank gebührt daher allen Kolleg(inn)en und Projektpartner(inne)n, die Erfahrungen beigesteuert, die Konstellationsanalyse in verschiedenen Stadien kritisch diskutiert und vor allem jenen, die sich in ihren Forschungsprojekten auf das Wagnis einer neuen, noch in Entwicklung befindlichen Methode eingelassen haben.[2]

Nur so konnte die Konstellationsanalyse als mehrfach in verschiedenen Anwendungsbereichen erprobtes und verbessertes Brückenkonzept für die Nachhaltigkeits-, Technik- und Innovationsforschung ausgearbeitet werden. Und nur so entwickelte sie ihren ausgesprochen pragmatischen Charakter, der für ihre Lebendigkeit und Funktionalität zwischen den Disziplinen grundlegend ist. Der gegenwärtige Entwicklungsstand der Konstellationsanalyse ermöglicht ihre Anwendung in verschiedenen Forschungs*bereichen* und zu verschiedenen Forschungs*zwecken*. Dennoch ist sie nicht ‚fertig': Einerseits kann auch die Konstellationsanalyse nicht alle forschungsmethodischen Probleme lösen (vgl. Kapitel 5), andererseits kann sie noch für weitere Anwendungsbereiche ausgearbeitet werden.

An wen richtet sich das Buch?

Das Handbuch Konstellationsanalyse lädt interdisziplinär arbeitende Wissenschaftlerinnen und Wissenschaftler ein, das methodisch-analytische Brückenkonzept auszuprobieren und anzuwenden. Für diesen Zweck führt es in den Gebrauch der Konstellationsanalyse ein und dient als Leitfaden für deren Anwendung. Dazu gehören eine systematische Einführung in die Methode und mehrere Anwendungsfälle, die die Einsatzmöglichkeiten der Konstellationsanalyse umreißen. Wir möchten dazu ermuntern, mit der Konstellationsanalyse zu experimentieren und sie auf diese Weise weiterzuentwickeln. Das Handbuch wird abgerundet durch theoretische und methodologische Überlegungen zum Kontext und Hintergrund der Konstellationsanalyse, ohne die Leserinnen und Leser mit theoretischem Spezialwissen überfrachten zu wollen. Wir

---

2 An dieser Stelle möchten wir Frank Becker (TU Berlin) für seine Bereitschaft, das ReUse-Projekt als Pilotprojekt für die Konstellationsanalyse zur Verfügung zu stellen, sowie Michael Decker, Armin Grunwald (Institut für Technikfolgenabschätzung und Systemanalyse ITAS, Karlsruhe) und Matthias Bergmann (Wissenschaftskolleg zu Berlin, Evalunet-Projekt) für grundsätzliche Diskussionen über die Konstellationsanalyse danken. Dank gebührt weiterhin Angelika Tisch, Cornelius Schubert und Helke Wendt-Schwarzburg, die das Manuskript gelesen und kritisch kommentiert haben, David Kaldewey für die Korrekturen und das Layout sowie Benjamin Klappoth und Kristina Wagner für die Bearbeitung der Grafiken.

haben uns um eine allgemeinverständliche Sprache bemüht und arbeiten, wie die Konstellationsanalyse auch, mit zahlreichen Grafiken und Anwendungsbeispielen.

Aufbau des Buches

Das Buch gliedert sich entlang vier großer Blöcke: Das *zweite* Kapitel dient als praktischer Leitfaden, in dem die Anwendung der Konstellationsanalyse an Hand eines Beispiels Schritt für Schritt beschrieben wird. Es führt in die Begriffe, die grafischen Konventionen und die Vorgehensweisen der Konstellationsanalyse ein und demonstriert praxisbezogen, wie man mit der Konstellationsanalyse arbeitet. Dieses Kapitel ist für die Anwendung der Konstellationsanalyse zentral. Im *dritten* Kapitel werden die methodischen und theoretischen Hintergründe und Bezüge der Konstellationsanalyse erläutert: Woher kommt sie (Kontext, Idee, Begriffe, Grundlagen) und wie verhält sie sich zu anderen Ansätzen? Es handelt sich um einen theoretischen Teil, in dem das Konzept der Konstellationsanalyse vertieft wird. Im *vierten* Kapitel werden am Beispiel konkreter Forschungsprojekte vier Anwendungsbereiche der Konstellationsanalyse vorgestellt, um die Bandbreite ihres Einsatzes exemplarisch darzustellen:

- die Entwicklung von Strategien,
- die Analyse von Steuerung,
- die Untersuchung vielfältiger Perspektiven auf einen Gegenstand und die Strukturierung von Diskursen sowie
- die Integration empirisch-analytischer Teilergebnisse in interdisziplinären Forschungsprojekten.

Die Anwendungsbeispiele verdeutlichen, dass die Konstellationsanalyse je nach Fragestellung und Gegenstand angepasst und weiterentwickelt werden kann und soll. Sie ist kein dogmatisches Verfahren, sondern an unterschiedliche Fragestellungen und Forschungsdesigns anpassungsfähig. Im *fünften* Kapitel wird die Anwendung der Konstellationsanalyse reflektiert und auf besondere Herausforderungen näher eingegangen. Zugleich wird auf ihre Grenzen hingewiesen. Es handelt sich um einen eher theoretischen Teil. Am Ende steht kein klassisches Schlusskapitel, sondern ein *Erfahrungsbericht* von Prof. Dr. Johann Köppel (TU Berlin) aus der Arbeit mit der Konstellationsanalyse im Forschungsprojekt „Windenergie – Eine Innovationsbiographie", eines der in Kapitel 4 beschriebenen Anwendungsbeispiele, der mit einem Blick in die nähere Zukunft schließt.

Mit diesem Aufbau greift das Handbuch den für die Konstellationsanalyse programmatischen Wechsel zwischen einem eher praktischen und einem eher theoretischen Vorgehen auf: Die Kapitel 2 (Einführung in die Methode) und 4 (Anwendungsbeispiele) sind als anwendungsorientierter Handlungsleitfaden konzipiert, die Kapitel 3 (theoretischer Kontext) und 5 (Reflexion) als theoretisch-konzeptionelle Fundierung und Reflexion. Letztere haben eine stärker sozialwissenschaftliche Ausrichtung, um die Konstellationsanalyse in der wissenschaftlichen Diskussion zu verorten. Die Lektüre dieser beiden Kapitel ist für die Anwendung der Konstellationsanalyse nicht zwingend notwendig. Wir legen sie den Leserinnen und Lesern dennoch ans Herz, weil man so besser versteht, was man tut.

Abschließend möchten wir alle Anwenderinnen und Anwender der Konstellationsanalyse zum Erfahrungsaustausch einladen. Dafür wollen wir unter anderem die Internetseite *www.konstellationsanalyse.de* als Diskussionsplattform nutzen. Dort werden praktische Hilfen (z.B. Formatvorlagen für die verschiedenen Elemente-Typen) angeboten, und es können theoretische und konzeptionelle Fragen erörtert werden. Wir sind an einem persönlichen Austausch mit den Projekten und Forschungsvorhaben, die die Konstellationsanalyse einsetzen oder einsetzen wollen, interessiert, um sie anwendungsbezogen weiterentwickeln zu können.

2 Konstellationsanalyse – wie geht das?

Dieses Kapitel soll den Leserinnen und Lesern die zentralen Begriffe und Vorgehensweisen der Konstellationsanalyse vermitteln, so dass die grundlegenden Arbeitsschritte der Konstellationsanalyse eigenständig angewandt werden können. Die Arbeitsschritte werden detailliert erläutert und mit vielen praktischen Hinweisen und Beispielen untersetzt, um eine konkrete ‚Schritt-für-Schritt'-Anleitung für die Durchführung einer Konstellationsanalyse zu bieten.

2.1 Grundbegriffe der Konstellationsanalyse

2.1.1 Ein inter- und transdisziplinäres Brückenkonzept

Die Konstellationsanalyse dient der inter- und transdisziplinären Verständigung in analytischen und gestalterischen Prozessen – das ist ihre zentrale Funktion. Es können unterschiedliche Problemsichten, Wissensbestände und Lösungsansätze aufeinander bezogen werden. Die Konstellationsanalyse bildet damit die auf einen gemeinsamen Untersuchungsgegenstand, ein gemeinsames Problem oder ein gemeinsames Erkenntnisinteresse bezogene Brücke zwischen den verschiedenen disziplinären und außerwissenschaftlichen Perspektiven.

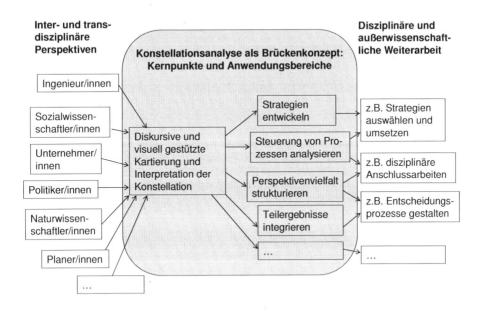

Abbildung 1: Konstellationsanalyse als Brückenkonzept[3]

---

[3] Bei den folgenden Abbildungen wird aus Gründen der Übersichtlichkeit auf eine Gender-neutrale Formulierung verzichtet.

Die Konstellationsanalyse besteht aus einem konzeptionellen und einem methodischen Kern, sowie aus verschiedenen Anwendungsbereichen. Für die in der Abbildung 1 benannten Anwendungsbereiche werden die konkreten Arbeitsschritte in Kapitel 4 detailliert ausgeführt. Der konzeptionelle und der methodische Kern der Konstellationsanalyse haben sich als sehr wichtig für die Funktionsfähigkeit als Brückenkonzept herauskristallisiert und sind dementsprechend Grundlage für die spezifische Vorgehensweise der Konstellationsanalyse. Sie werden hier kurz vorgestellt und in den Kapiteln 3.2 und 3.3 ausführlich erläutert.

Konzeptionelle Kernpunkte der Konstellationsanalyse sind erstens die gleichrangige Betrachtung heterogener Elemente und zweitens die Fokussierung auf die Beziehungen zwischen den Elementen:

(1) Die Konstellationen werden anhand konkreter Elemente entwickelt, beschrieben und interpretiert. Die Elemente unterscheiden wir nach vier Typen: soziale Akteure, natürliche Elemente, technische Elemente und Zeichenelemente (vgl. Kapitel 2.1.2). Diese Typisierung bietet jeder wissenschaftlichen Disziplin und jedem außerwissenschaftlich Beteiligten Anknüpfungspunkte für die jeweils eigene Sichtweise. Die Konstellationen werden von den einzelnen Elementen ausgehend entwickelt. Die gleichrangige Betrachtung der Elemente verhindert dabei eine voreilige Unterscheidung in wichtige und unwichtige Elemente und eine vorschnelle Interpretation der Konstellation, etwa nach ihr vermeintlich zugrunde liegenden sachlogischen Prinzipien. Zudem ermöglicht sie eine gleichrangige interdisziplinäre Zusammenarbeit, die sich nicht in Leit- und Servicedisziplinen oder Metadisziplinen organisieren muss, um zu funktionieren.

(2) Die heterogenen Elemente werden zueinander in Beziehung gesetzt (vgl. Kapitel 2.1.3) und formen so den Aufbau der Konstellation. Die Fokussierung auf die Beziehungen zwischen den Elementen einer Konstellation zwingt die verschiedenen Disziplinen und die außerwissenschaftlichen Beteiligten dazu, aufeinander Bezug zu nehmen. So wird aus der häufig anzutreffenden multidisziplinären eine tatsächlich interdisziplinäre Zusammenarbeit. Die Klärung der Beziehungen zwischen den Elementen ist ein notwendiger Schritt, um das Wesen der Konstellation, ihre Struktur und Logik, zu verstehen.

Der *methodische* Kern der Konstellationsanalyse besteht in der Visualisierung der Konstellation (vgl. Kapitel 3.3). Die Entwicklung, Beschreibung und Interpretation der Konstellation erfolgt in Form einer Grafik. Die visuelle Umsetzung der inter- und transdisziplinären Diskussionen in einer oder mehreren Grafiken unterstützt das gegenseitige Verständnis, indem sie unterschiedliche Perspektiven aufeinander bezieht und daraus resultierende Missverständnisse klärt, Konsens und Dissens verdeutlicht. Komplexe Sachverhalte können in verschiedenen Varianten abgebildet werden und sind wichtige Vorstufen für die gemeinsame Beschreibung und Interpretation der

Konstellation. Die Visualisierung ist damit im Verständigungsprozess eine wichtige Ergänzung zur Sprache, beide unterstützen sich gegenseitig und fangen die Defizite und Schwierigkeiten des jeweils anderen Mediums auf. Der Wechsel von grafischer Veranschaulichung und sprachlicher Beschreibung trägt so zu einem immer klareren Verständnis der Konstellation bei.

Die grafische Umsetzung der interdisziplinären Beschreibung einer Konstellation funktioniert allerdings nur, wenn die Verständigung im Team in einer allgemeinverständlichen Sprache erfolgt. Wenn man nicht versteht, was andere einem mitteilen wollen, oder man sich anderen nicht verständlich machen kann, nützt auch ein Brückenkonzept wenig. Diese Erkenntnis ist zwar banal, dennoch ist die Übersetzung einer differenzierten wissenschaftlichen Fachsprache in ein allgemeinverständliches Vokabular ausgesprochen schwer. Wir empfehlen dazu ein hervorragendes Arbeits- und Übungsbuch von Marie Nicolini: „Sprache Wissenschaft Wirklichkeit. Zum Sprachgebrauch in inter- und transdisziplinärer Forschung" (Nicolini 2001).

Schließlich arbeitet die Konstellationsanalyse mit bewussten Perspektivwechseln. Dabei wird die Konstellation aus den verschiedenen disziplinären und außerwissenschaftlichen Perspektiven beschrieben und interpretiert. Dies weckt Verständnis für Werthaltungen und Argumentationsmuster der anderen Beteiligten und trägt zu einem vertieften Verständnis der Konstellation bei. Ziel der Diskussion ist die Einigung darüber, wie die Konstellation in ihrer Struktur, ihren Charakteristika und Funktionsprinzipien grafisch dargestellt und sprachlich interpretiert wird. Sollte eine Einigung auf eine gemeinsame Darstellung und Interpretation der Konstellation dennoch nicht gelingen, so ist auch die Darstellung des Dissenses erhellend (vgl. Kapitel 2.2.2).

2.1.2 Heterogene Elemente

Wir unterscheiden vier Typen von Elementen: Soziale Akteure, technische Elemente, natürliche Elemente und Zeichenelemente. Die vier Elemente-Typen können bei Bedarf in drei Unterkategorien weiter unterschieden werden: (1) Es handelt sich um ein Individuum oder einen benennbaren Einzelfall oder (2) um einen bestimmten Typus oder (3) um eine überbegriffliche Einheit.

- Als soziale Akteure bezeichnen wir entweder einzelne Personen oder Akteursgruppen. Dazu zählen wir Einzelpersönlichkeiten, z.B. Frau Merkel, Einzeltypen, z.B. der Typus Bundeskanzlerin, und als Überbegriff z.B. Bundesregierung.
- Zu den technischen Elementen zählen wir einzelne Artefakte, z.B. ein bestimmter Arbeitsspeicher, Artefakt-Typen, z.B. Arbeitsspeicher, und als technischer Überbegriff z.B. Hardware.
- Als natürliche Elemente bezeichnen wir Stoffe und Ressourcen, Umweltmedien (Wasser, Boden, Luft), tierische und pflanzliche Lebewesen sowie Naturphänome-

ne. Auch hier kann man zwischen Einzelelementen, z.B. CO_2, Einzeltypen, z.B. Klimagase, und überbegrifflichen Einheiten, z.B. Klima, unterscheiden.
- Zeichenelemente umfassen Ideen, Konzepte, Ideologien, Gesetze, Kommunikation und Bilder. Ein Einzelelement ist hier beispielsweise die Elektronikschrott-Verordnung, eine Verordnung ist der Einzeltyp und der rechtliche Rahmen ist die überbegriffliche Einheit dieses Zeichenelements.
- Sonderfälle sind hybride Elemente: Hybride sind Elemente, die als Mischformen der vier oben genannten Elemente-Typen auftreten.

Die Elemente-Typen werden mittels einer grafischen Kennzeichnung voneinander unterschieden (siehe Abbildung 2). Die grafische Unterscheidung ermöglicht es, sich schnell einen Überblick zu verschaffen. So lassen sich Fragen wie die folgenden schnell beantworten: Sind alle Elemente-Typen in der Konstellationsbeschreibung vertreten? Ist ein Typ besonders häufig vertreten? Wurden die anderen Typen vergessen oder ist das Phänomen charakteristisch für die Konstellation?

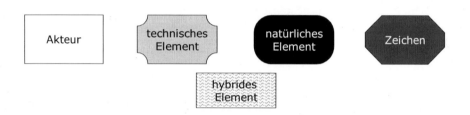

Abbildung 2: Elemente-Typen

Bei der Durchführung der Konstellationsanalyse wird recht schnell deutlich, dass bei genauerem Hinsehen viele Elemente in Mischformen auftreten, die wir als Hybride bezeichnen. Beispielsweise argumentieren die Planungswissenschaftler(innen), dass es die ‚reine Natur' gar nicht mehr gibt, da sie fast immer von menschlichen Einflüssen bewusst oder unbewusst gestaltet ist. In ähnlicher Weise argumentieren Techniksoziolog(inn)en, dass in technischen Artefakten soziale Prozesse und Konzepte bewusst oder unbewusst geronnen sind. In Kenntnis dieser Debatten haben wir uns aus methodischen Gründen dafür entschieden, dennoch mit klaren Zuordnungen zu den vier Elemente-Typen soziale Akteure, technische Elemente, natürliche Elemente und Zeichenelemente zu arbeiten. Dort, wo es für die Fragestellung und den analytischen Prozess wesentlich ist, können Elemente auch als Hybride kartiert werden, wie es im ReUse-Beispiel mit dem ReUse-Produkt erfolgt ist (siehe Abbildung 6 im Kapitel 2.3.1). Analytisch kann man, sofern nötig, das hybride Element durch die Zoom-

Technik (vgl. Kapitel 2.3.1) genauer fassen. Die Zuordnung einzelner Elemente zu den vier Typen kann sich so auch im Verlauf des analytischen Prozesses verändern.

2.1.3 Relationen

Mit Relationen bezeichnen wir die Art der Beziehung, die zwischen zwei oder mehreren Elementen besteht. Aussagen über Relationen zwischen den Elementen werden auf zweierlei Art und Weise getroffen: (1) Mit der Kartierung der Elemente wird entschieden, ob die Elemente in einer engen Beziehung zueinander stehen, sich also nahe sind, oder ob sie in loser oder keiner Beziehung zueinander stehen, also weiter voneinander entfernt sind. (2) Darüber hinaus können, je nach Erkenntnisinteresse, weitere Relationen typisiert werden:

- Einfache Relation: Elemente stehen miteinander in Verbindung.
- Gerichtete Relation: Ein Element wirkt gerichtet auf ein anderes oder mehrere andere ein.
- Fehlende Relation: Die Elemente stehen in keiner Beziehung zueinander.
- Unvereinbare Relation: Zwei oder mehrere Elemente sind miteinander unvereinbar.
- Konfliktäre Relation: Ein Element äußert sich oder agiert ausdrücklich und absichtsvoll gegen eines oder mehrere andere Elemente.
- Widerständige Relation: Eine Element leistet – passiven, nicht explizierten – Widerstand gegen eine Erwartung oder Zuschreibung anderer Elemente.
- Rückgekoppelte Relation: Zwei Elemente stehen in einer Wechselbeziehung, die sich gegenseitig verstärkt.

Die unterschiedlichen Relationstypen werden mit entsprechenden Linien und Pfeiltypen gekennzeichnet (siehe Abbildung 3).

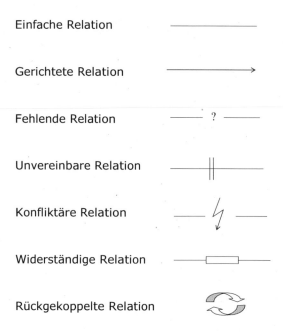

Abbildung 3: Relationstypen

2.1.4 Konstellationen

Wir unterscheiden drei verschiedene Konstellationsformen: Gesamt-, Teil- und Subkonstellationen.

In der Gesamtkonstellation werden auf einer Makro-Ebene die wichtigsten Elemente und Beziehungen in ihrer strukturellen Zusammensetzung dargestellt. Die Gesamtkonstellation kann sich aus Teilkonstellationen und Subkonstellationen zusammensetzen. Die Teilkonstellationen beschreiben auf der Meso-Ebene jeweils einen in sich kohärenten Ausschnitt aus der Gesamtkonstellation. Typische Teilkonstellationen sind beispielsweise eine dominante Teilkonstellation, die die Funktionsprinzipien der Gesamtkonstellation bestimmt und eine Nischenkonstellation, die nach anderen Prinzipien funktioniert und über einzelne Elemente und Relationen mit der dominanten Konstellation verbunden ist. Eine Subkonstellation ist ein kleinerer Ausschnitt aus einer Konstellation, der einige wenige Elemente und Beziehungen zueinander umfasst und, anders als Teilkonstellationen, keine in sich kohärente Einheit bildet. Darunter liegen die einzelnen Elemente und ihre Relationen, die die Mikro-Ebene einer Konstellation bilden.

2.2 Spielregeln der Konstellationsanalyse

Die intensive erfahrungsbasierte und empirisch-analytische Auseinandersetzung mit den Funktions- und Erfolgsbedingungen der inter- und transdisziplinären Zusammenarbeit hat deutlich gezeigt, dass neben der in der Wissenschaft selbstverständlich angestrebten kognitiven Integration auch die soziale Integration der verschiedenen Beteiligten gelingen muss, wenn man in der Zusammenarbeit zu tragfähigen Ergebnissen kommen will (Loibl 2005, Nölting et al. 2004, Schophaus et al. 2004). Da wir diese Erkenntnis aufgrund unserer bisherigen Arbeit mit der Konstellationsanalyse nur bestätigen können, explizieren wir die Spielregeln, die für das Gelingen der kognitiven Integration der Wissensbestände und der sozialen Integration des Konstellations-Teams wichtig sind. Die Einhaltung der Spielregeln ist für das Gelingen des inter- und transdisziplinären Forschungs- und Arbeitsprozesses entscheidend. Zu den Spielregeln zählen wir auch die Darstellungskonventionen, die für den grafischen Teil der Konstellationsanalyse festgelegt sind. Doch zunächst noch einige Überlegungen zur Auswahl der Team-Mitglieder, die für den Erfolg ebenso wichtig sind wie die Spielregeln.

2.2.1 Das Konstellationsanalyse-Team

Die Konstellationsanalyse wird von einer heterogen zusammengesetzten Gruppe betrieben. Die Arbeitsweise des Teams kann dabei, in Abhängigkeit vom Zeitbudget der Teammitglieder, durchaus unterschiedlich sein: (1) Das Team durchläuft alle Arbeitsschritte der Konstellationsanalyse als Gruppe; (2) ein Teil des Teams bereitet Kartierungen vor, um sie im Gesamtteam gemeinsam zu diskutieren; (3) einzelne Teammitglieder erarbeiten die Kartierungen und diskutieren sie dann wiederum mit anderen Teammitgliedern.

Die Frage, wer als Person und als Träger bestimmter Wissensbestände in dieses Team einbezogen wird, ist zentral für die Ergebnisse, die es produziert. In Abhängigkeit von der konkreten Fragestellung und des – eher interdisziplinär oder eher transdisziplinär ausgerichteten – Anwendungsbereiches kann die repräsentative Expertise des Konstellationsanalyse-Teams auf zweierlei Art und Weise sichergestellt werden: (1) Die Auswahl der an der Konstellationsanalyse Beteiligten erfolgt über ihre wissenschaftliche Expertise in dem von ihnen vertretenen Fach. (2) Die Auswahl erfolgt über ihre außerwissenschaftliche, auf die Problemstellung bezogene Expertise.

Da die Zahl der Beteiligten aus finanziellen und arbeitstechnischen Gründen in der Regel begrenzt ist, müssen Auswahlentscheidungen getroffen werden: Welche Personen beziehungsweise Expertisen sind so wichtig, dass sie vertreten sein müssen? Welche sind als Teil des Teams verzichtbar und können gegebenenfalls mit anderen Methoden einbezogen werden? Die Kriterien für diese Entscheidungen müssen begründet und offen gelegt werden. Über die fachliche Expertise hinaus können noch andere Gründe für die Beteiligung bestimmter Personen ausschlaggebend sein, zum Beispiel, dass sie für die soziale Integration des Teams förderlich sind.

2.2.2 Kognitive und soziale Integration: Acht Spielregeln

Es ist nicht unsere Absicht, die Arbeit mit der Konstellationsanalyse zu verregeln, schon gar nicht, was den sozialen Umgang miteinander betrifft. Dennoch gibt es einige Grundregeln, die für eine funktionierende inter- und transdisziplinäre Zusammenarbeit beachtet werden sollten. Diese führen wir hier kurz an.

Grundregel 1: Trial and error!
Es muss mit der grafischen Darstellung experimentiert werden. Eine offene, spielerische und kreative Umgangsweise mit der Konstellationsbeschreibung ist der beste Weg zur einvernehmlichen Darstellung und Interpretation der Konstellation. Es darf gestritten und gelacht, absurd Erscheinendes ausprobiert und scheinbar Sicheres in Frage gestellt werden. Der Wechsel der disziplinären und außerwissenschaftlichen Perspektiven – zum Beispiel: „Alle gucken jetzt mal aus der technischen Perspektive auf die Konstellation!" – ist dabei ein wichtiges Hilfsmittel. Vertrauen in die Expertise und persönliche Integrität der anderen Beteiligten sind dabei sowohl Voraussetzung als auch Folge der offenen und kreativen Auseinandersetzung mit den jeweils anderen Perspektiven. Die gegenseitige Wertschätzung und der Respekt voreinander ist Grundbedingung.

Grundregel 2: Gleichrangigkeit der Elemente = Gleichrangigkeit der Expert(inn)en!
Es gibt weder Leitdisziplinen noch Führungsansprüche in der Gruppe. Die Mitglieder des Konstellationsanalyse-Teams sind sich darüber im Klaren, dass die Wichtigkeit der Elemente und Beziehungen im diskursiven Prozess herausgearbeitet wird. Disziplinäre und institutionelle Hierarchien sowie die Hierarchie zwischen wissenschaftlichem und außerwissenschaftlichem Wissen sind in diesem diskursiven Prozess außer Kraft gesetzt – zumindest bemühen sich alle Beteiligten darum. Ziel ist, sich aufeinander zu beziehen, und nicht darum, die Interpretationshoheit zu gewinnen – Dominanz zu beanspruchen ist explizit verboten.

Grundregel 3: Zwischen Grafik und Text wechseln!
Die Grafik zwingt schon allein aus Platzgründen zur Reduktion. Das ist ein beabsichtigter Effekt. Aber nicht alles Wichtige lässt sich auch grafisch veranschaulichen. Der Wechsel zwischen grafischer Darstellung und schriftlich verfasster Beschreibung und Interpretation der Konstellation ist daher unbedingt notwendig. Der Wechsel zwingt auch zu begrifflicher Präzision und verhindert, dass man sich nur vordergründig einigt.

Grundregel 4: Datengrundlagen und Quellen offen legen!
Dies ist eigentlich für jede wissenschaftliche Arbeit selbstverständlich und dient hier lediglich als Kontrapunkt zur Betonung des spielerischen und experimentellen Charakters der Konstellationsanalyse: Spätestens bei der schriftlichen Beschreibung und Interpretation der Konstellation muss belegt werden, auf welcher Quellen- und Datenbasis die Ausführungen beruhen. Damit werden die individuelle Professionalität und Expertise für das Konstellations-Team und die gemeinsame Professionalität und Expertise für das Publikum transparent und beurteilbar gemacht.

Grundregel 5: Gemeinsame Autorenschaft anstreben!
Diese Grundregel ist im konventionellen Wissenschaftsbetrieb unüblich, hat sich in der interdisziplinären Zusammenarbeit jedoch als außerordentlich sinnvoll herausgestellt. Wenn bei der Publikation nicht verhandelt werden muss, wer ‚vorne' steht, sondern eine gemeinsame Autorenschaft beschlossen wurde, werden Arbeitsprozess und -ergebnis gemeinsam verantwortet und vorangetrieben. Diese Vereinbarung unterstützt damit die Grundregeln 1 und 2.

Grundregel 6: Dissens nicht vorschnell hinnehmen!
Falls das Konstellationsanalyse-Team *nicht* zu einer gemeinsam getragenen Beschreibung und Interpretation der Konstellation gelangt, sollte das Team die Konstellation ruhen lassen und sich in einem fest umrissenen Zeitraum (z.B. eine Stunde) und möglichst in einem anderen Raum den möglichen Gründen für den Dissens zuwenden. Dabei soll gefragt werden, ob es sich um einen fachlichen oder beispielsweise um einen persönlichen, einen innerdisziplinären oder einen durch Hierarchie bedingten Dissens handelt. Möglicherweise hat sich das Team für die interdisziplinäre Zusammenarbeit auch zu wenig Zeit genommen, es wird jetzt ungeduldig, weniger verständigungs- und mehr ergebnisorientiert. Kurz: Bevor der Dissens vorschnell als solcher akzeptiert wird, muss er – möglichst in ruhiger Atmosphäre – noch einmal unter die Lupe genommen werden.

Grundregel 7: Dissens als Ergebnis dokumentieren!
Falls das Konstellationsanalyse-Team auch nach Beachtung der Grundregel 6 *nicht* zu einer gemeinsam getragenen Beschreibung und Interpretation der Konstellation gelangt, so ist der Dissens grafisch und schriftlich festzuhalten (hierüber sollte dann Einigkeit bestehen). Er ist ein nicht minder wichtiges Ergebnis der Analyse.

Grundregel 8: Moderation zur Entlastung des Teams!
Je nach Größe des Konstellationsanalyse-Teams ist das Moderieren sehr hilfreich bis unerlässlich. Die Moderation hat folgende Aufgaben: auf die Einhaltung der Grundregeln zu achten; für die Abarbeitung der verschiedenen Arbeitsschritte und der zentra-

len Fragen zu sorgen; auf den Wechsel zwischen grafischer Darstellung und sprachlicher Interpretation zu achten und beides festzuhalten; die offenen und die ungeklärten Diskussionspunkte festzuhalten; den anderen Team-Mitgliedern kreativen Freiraum zu verschaffen. Hier ist Fingerspitzengefühl im Umgang mit unterschiedlichen Disziplinen und Hierarchieebenen gefordert.

2.2.3 Darstellungskonventionen und Hilfsmittel

In den Kapiteln 2.1.2 und 2.1.3 haben wir ausgeführt, wie Elemente und Relationen grafisch umgesetzt werden. Nun stellt sich noch die Frage, welche technischen Hilfsmittel für die visuelle Darstellung der Konstellationsanalyse am geeignetsten sind. Sie müssen die sich im diskursiven Prozess ständig verändernde Konstellationsdarstellung flexibel und unaufwändig umsetzen können, das heißt konkret: Elemente müssen ständig verschoben und Relationen permanent gelöscht und neu eingefügt werden können. Hierfür hat sich der Einsatz von Metaplan-Karten und Pin-Wänden bewährt. Die Ergebnissicherung sowie die Ergebnisdarstellung lassen sich am komfortabelsten mit Laptop und Beamer bewerkstelligen. Für die Darstellung der Ergebnisse in Vorträgen sind animierte Präsentationen besonders geeignet, weil sich so komplexe Konstellationen nach und nach aufbauen lassen.

2.3 Die drei grundlegenden Arbeitsschritte

Die konkrete Durchführung der Konstellationsanalyse haben wir in drei Arbeitsschritte unterteilt. Idealtypisch bauen sie aufeinander auf, in der Praxis vermischen sie sich aber auch oder werden in mehreren Schleifen durchlaufen.

Als erstes kartiert man die Konstellation, indem man die wichtigsten Elemente identifiziert und sie entsprechend ihrer Beziehungen zueinander räumlich anordnet. In einem zweiten Schritt analysiert und interpretiert man die Funktionsprinzipien und Charakteristika der Konstellation. In einem dritten Schritt untersucht man, welche Dynamiken in der Konstellation wirken. Diese drei Schritte sind grundlegend für jede Konstellationsanalyse und stellen sozusagen den standardisierten Kern dar. Darauf aufbauend kann verschiedenen Fragestellungen nachgegangen werden: zum Beispiel der Strategieentwicklung, der Analyse von Steuerung in Entwicklungsprozessen, der Strukturierung vielfältiger Perspektiven auf konkrete Problemlagen, der Integration empirisch-analytischer Teilergebnisse in großen Forschungsprojekten. Sie werden in Kapitel 4 ausführlich an Hand verschiedener Beispiele beschrieben.

Im Folgenden illustrieren wir am Beispiel der Konstellation „Wiederverwendung von gebrauchten Computern" (siehe Kasten), wie man die drei grundlegenden Arbeitsschritte der Konstellationsanalyse angeht. Die Fragestellungen, die dieser Konstellationsbeschreibung zugrunde lagen, lauten: Welche Hindernisse stehen der Wiederverwendung von Computern entgegen? Wie können aus den Altgeräten ReUse-Produkte entwickelt und vertrieben werden?

> ### „ReUse": Beispiel-Projekt für die Arbeit mit der der Konstellationsanalyse
>
> Das Forschungsprojekt „ReUse Computer – Wieder- und Weiterverwendung gebrauchter EDV-Technik" wurde im Rahmen der BMBF-Förderinitiative „Neue Nutzungsstrategien" gefördert (7/2001–6/2004). PCs wandern häufig nach kurzer Nutzungsdauer voll funktionsfähig in den Müll. Das ReUse-Projekt hat nach Strategien zur Minimierung dieser Ressourcenverschwendung gesucht. Ziel des Projektes war es, in Berlin und in Hamburg ReUse-Kooperationsnetzwerke zur Wiederverwendung von gebrauchter EDV-Technik aufzubauen. Forschungsauftrag war: (1) Barrieren gegen die Wiederverwendung zu identifizieren, (2) die Potenziale der Altgeräte auszuloten und Produktentwicklung zu betreiben, (3) sinnvolle Vernetzungsstrategien zu erarbeiten.
>
> Das Projekt hatte 16 Praxispartner in Berlin – unter anderem Serviceunternehmen, Computerhändler, Großhändler – und sechs in Hamburg. Jeweils ein(e) Mitarbeiter(in) der beteiligten Institute war mit der Akquise gebrauchter EDV-Technik beauftragt und baute dafür Firmenkontakte auf. So wurden beispielsweise die Volksbank und der DGB-Bundesvorstand Zulieferer für gebrauchte EDV-Technik. Charakteristisch für Altgeräte-Zulieferer ist, dass sie keine Entsorgungsverträge für ihre EDV-Technik abgeschlossen haben, sondern jedes Mal neu überlegen, was sie damit machen.

Diese Konstellationsanalyse wurde von einem sechsköpfigen interdisziplinären Team durchgeführt, das den ReUse-Projektleiter Frank Becker über mehrere Sitzungen hinweg befragte. Auf der Grundlage dieser Experten-Interviews beschrieb und interpretierte das Team gemeinsam mit Frank Becker die Konstellation. Da die Konstellationsanalyse anhand des ReUse-Beispiels entwickelt und ausgearbeitet wurde, muss die Zusammensetzung und Arbeitsweise des Teams eher als Sonderfall gewertet werden. Die folgenden Schritte sind jedoch methodisch aufbereitet und beschreiben die allgemeingültige Anwendung der Konstellationsanalyse.

2.3.1 Schritt 1: Die Kartierung der Konstellation

Ziel dieses Arbeitsschrittes ist es, die Konstellation in ihren wesentlichen Elementen und deren Beziehungen zueinander zu erfassen sowie grafisch und textlich zu beschreiben. Leitfragen für die Beschreibung einer Konstellation sind:
- Welches sind die wesentlichen Elemente der Konstellation?
- Welche Elemente sind zentral, welche sind peripher? Welche hängen eng zusammen, welche stehen eher in loser Verbindung zueinander?
- In welcher Beziehung stehen die verschiedenen Elemente zueinander?
- Gibt es unterscheidbare Teilkonstellationen (z.B. eine Nischen- und eine dominante Konstellation)?
- Gibt es wichtige Subkonstellationen, die gegebenenfalls näher untersucht werden müssen?
- Wie lässt sich die Konstellation benennen?

Die Anordnung der Elemente und die Grenzen der Konstellation

Ausgangspunkt ist die Problemlage, die man untersuchen will. Zunächst werden alle relevanten, an der Problemlage beteiligten Elemente benannt und gesammelt. Sie werden nach sozialen Akteuren, natürlichen Elementen, technischen Elementen und Zeichenelementen unterschieden und auf Metaplan-Karten festgehalten. Dann werden die Elemente grafisch angeordnet. Man beginnt mit den zunächst als am wichtigsten erachteten, zentralen Elementen und arbeitet sich in verschiedene Richtungen zur Peripherie der Konstellation vor. Elemente, die eng miteinander in Verbindung stehen, werden auch grafisch nahe beieinander angeordnet. Die grafische Anordnung der Elemente in ihrem Verhältnis zueinander ist ein sehr grundlegender und damit die Analyse bestimmender Schritt – ihm sollte entsprechend viel Aufmerksamkeit gewidmet werden.

Die Konstellationsbeschreibung erfolgt immer von innen nach außen: Die zentralen Elemente werden zuerst kartiert, bevor man sich nach und nach zur Peripherie der Konstellation vorarbeitet. Eine Konstellation hat keine festen, vordefinierten Grenzen. Welche der peripheren Elemente als zur Konstellation gehörig betrachtet werden und welche weggelassen werden können, ergibt sich erstens aus der Fragestellung und zweitens aus der Einschätzung des Konstellationsanalyse-Teams. Als grobe Leitlinie kann man festhalten, dass Elemente, die unmittelbar in der Konstellation auf andere Elemente wirken oder in Beziehung stehen, zur Konstellation gehören. Die Intensität der Beziehungen eines Elements zu den anderen Elementen der Konstellation ist also ein Kriterium für die Zugehörigkeit zur Konstellation.

Darüber hinaus gibt es Elemente, die auf die Gesamtkonstellation, nicht auf einzelne Elemente in ihr wirken. Diese den Kontext der Konstellation bildenden Elemente (Kontext-Elemente) können zunächst am Rand der Konstellationsgrafik festgehalten werden. Dann wird diskursiv darüber entschieden, welches Element in der Kartierung berücksichtigt werden muss. Der Kontext, die Umwelt, in der sich die Konstellation bewegt, muss im Text ausführlicher beschrieben werden. Die grafische Kartierung spitzt dagegen die konstellationsanalytischen Aussagen über die Konstellation und ihren Kontext thesenartig zu.

Am ReUse-Beispiel stellt sich das wie folgt dar:

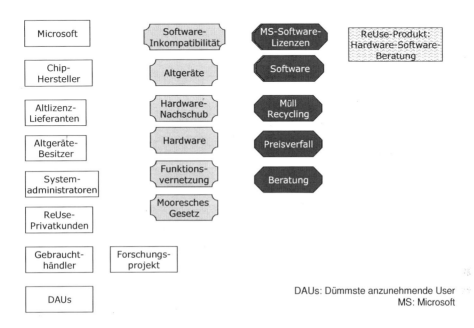

Abbildung 4: Sammlung der Elemente

Zunächst werden die für die Fragestellung wichtigen Elemente gesammelt. Sodann werden die Elemente der Normalsituation der PC-Nutzung kartiert (siehe Abbildung 5), die die dominante Konstellation bilden: Die Software, monopolartig von Microsoft entwickelt und verkauft, trifft auf eine Hardware, die in globalisierter Konkurrenz produziert wird, und deren Leistung sich nach dem so genannten Mooreschen Gesetz[4] alle zwei Jahre verdoppelt.

---

[4] Dieses Gesetz besagt, dass aufgrund der exponentiellen Steigerung der Dichte von Transistoren auch die Leistungsfähigkeit von Prozessoren und damit auch die Rechenleistung der Computer exponentiell steigen.

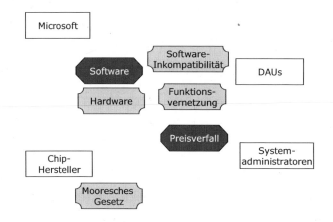

Abbildung 5: Elemente der dominanten Konstellation

Das Zusammenspiel der Software- und der Hardwareseite führt zu ständigen, für Produkte des Massenkonsums ungewöhnlich schnellen Entwertungsprozessen: Entweder ist der Rechner zu langsam oder die Software veraltet oder beides. Folgen, die als weitere Elemente in der Konstellation auftauchen, sind: die Software-Inkompatibilität, sobald man die Microsoft-Welt verlässt, die zunehmende Vernetzung verschiedenster Funktionen und Geräte sowie der Preisverfall von neuen PCs. Die Systemadministratorinnen und Systemadministratoren fügen sich in diese Konstellation, weil sie meistens unter Zeitdruck arbeiten und aus Gründen der Einfachheit und der Sicherheit auf die neuesten Produkte der dominanten Konstellation setzen. Zu dieser dominanten Konstellation gehört aber nicht zuletzt der ‚DAU', der ‚dümmste anzunehmende User' – also jemand wie wir alle, ständig auf Hilfe angewiesen –, der genau das auch bleiben muss, damit die Konstellation funktioniert.

Die kontrastierende Kartierung der Konstellation, in der das ReUse-Projekt die Verwendung von PC-Ressourcen schonender gestalten will, ist in Abbildung 6 dargestellt. Normalerweise wandern die alten PCs in den Müll. Das Forschungsprojekt versucht das zu ändern, indem es mit der Unterstützung von PC-Händlern, die die Idee mittragen, aus der gebrauchten Hardware und ‚gebrauchten' Software-Lizenzen das ReUse-Produkt zusammenstellt: eine jeweils individuell zugeschnittene Hardware/Software-Kombination, die hier als hybrides Element gekennzeichnet ist.

2 GRUNDBEGRIFFE UND VORGEHENSWEISEN

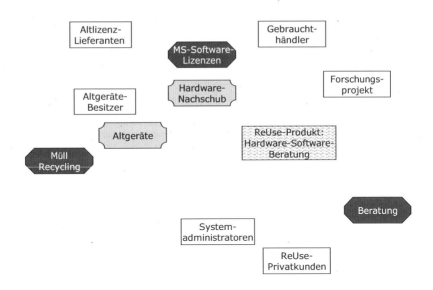

Abbildung 6: Elemente der ReUse-Konstellation

Voraussetzung der individuell passgenauen Lösung ist eine intensive Beratung der Kunden, in der ihr konkreter Bedarf erhoben wird. Der ReUse-Kunde ist somit ein leicht weitergebildeter „DAU". Die Systemadministratoren sind aus Sicht der ReUse-Konstellation ein destabilisierendes Element, weil sie routinemäßig auf das Neueste und nicht auf das Bedarfsgerechte setzen.

Die Relationen

Wenn über die Anordnung der Elemente in der Kartierung Einigkeit besteht, werden die Beziehungen zwischen den Elementen untersucht. Dabei kommt es nicht darauf an, die Relationen zwischen *allen* Elementen darzustellen, sondern die wichtigen, die Konstellation prägenden und beeinflussenden Relationen herauszuarbeiten, diese zu kartieren und zu typisieren. Fragen sind zum Beispiel: Welche Elemente beeinflussen sich in welcher Form, sind voneinander abhängig, agieren gemeinsam oder stehen in Konflikt miteinander?

Die Kartierung der Beziehungen kann zur Folge haben, dass einzelne Elemente noch einmal anders positioniert werden – sei es, um die darstellerischen Möglichkeiten besser zu nutzen oder weil die Kartierung der Relationen zu einer veränderten Einschätzung geführt hat.

Am ReUse-Beispiel stellt sich das wie folgt dar:

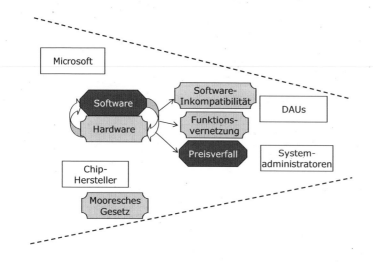

Abbildung 7: Relationen in der dominanten Konstellation

In der dominanten Konstellation der PC-Verwendung wird der Aufschaukelprozess zwischen den Elementen Hardware und Software als wichtigste Relation gekennzeichnet. Diese positive Rückkopplung prägt und charakterisiert offenbar die dominante Konstellation. Schließlich lässt sich mit einem spitz zulaufenden Keil die Zwangsläufigkeit verdeutlichen, mit der die dominante Konstellation zu einem sehr verengten Handlungsspielraum der Nutzer (DAUs) und Systemadministratoren führt.

In der ReUse-Konstellation (siehe Abbildung 8) stehen die Elemente, die versuchen, die Nutzungsdauer der PCs zu verlängern, in enger Beziehung zueinander: das Forschungsprojekt, die Gebraucht-PC-Händler, die Software-Lizenzen und der Hardware-Nachschub, die Bestandteile des ReUse-Produkts sind. Wichtige Voraussetzung für das Zustandekommen des ReUse-Produkts ist die erfolgreiche Beschaffung von Altgeräten, die dann eben nicht in den Müll wandern, und Altlizenzen für die Software. Und schließlich haben wir die Beziehungen zwischen dem ReUse-Produkt und den potenziellen Kunden typisiert: Der Weg zum Privatkunden ist steinig und daher mit einer Reihe von Zeichenelementen verknüpft, die wir der Übersichtlichkeit halber im Element „Beratung" zusammengefasst haben. Die Systemadministratoren, die für das ReUse-Produkt der Schlüssel zum Großkunden sind, nehmen das Produkt nicht in Anspruch, reagieren also widerständig, weil sie die ihnen zugedachte Rolle als Käufer des ReUse-Produkts nicht annehmen.

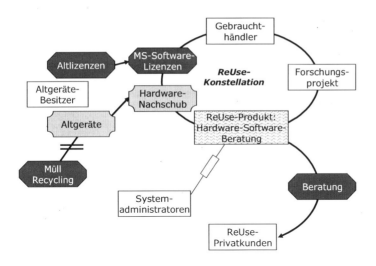

Abbildung 8: Relationen in der ReUse-Konstellation

Die Struktur der Konstellation

Mit Hilfe der grafischen Relations-Typisierungen wird die Struktur der Konstellation sichtbar. Sie kann jetzt näher beschrieben werden: Ist sie eher sternförmig mit einem oder wenigen zentralen Elementen in der Mitte oder eher netzförmig mit vielen gleichgewichtigen Elementen, die wechselseitig voneinander abhängen? Handelt es sich um eine einzige, kohärente Konstellation oder besteht sie aus zwei oder mehr Teilkonstellationen? In welchem Verhältnis stehen etwaige Teilkonstellationen zueinander: Sind sie beispielsweise abhängig oder unabhängig voneinander? Sind sie über bestimmte Elemente miteinander verbunden? Wie kann man die Gesamtkonstellation und etwaige Teilkonstellationen benennen?

Im ReUse-Beispiel stellt sich das wie folgt dar:
In unserem Fallbeispiel gibt es zwei deutlich voneinander unterscheidbare Teilkonstellationen, die wegen ihrer Unterschiedlichkeit zunächst getrennt kartiert wurden: Die dominante Konstellation, die die Normalsituation der PC-Verwendung darstellt und ökonomisch, sozial und kulturell sehr mächtig ist, und die ReUse-Konstellation, die demgegenüber eindeutig eine Nischenkonstellation ist.

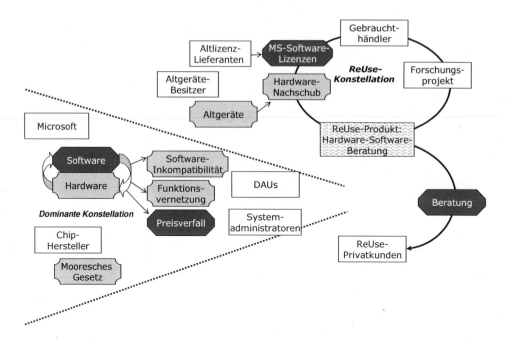

Abbildung 9: Struktur der Konstellation „Wiederverwendung von gebrauchten Computern"

Die verbindenden Elemente der beiden Konstellationen sind die Kund(inn)en: die Systemadministratoren und die Einzelkunden, letztere unterschieden nach ReUse-Nutzern und DAUs. Den Kund(inn)en kann das ReUse-Produkt mit proaktiver Beratung zwar schmackhaft gemacht werden, aber von sich aus bedienen sie sich genauso wie die Systemadministratoren routinemäßig in der dominanten Konstellation. Diese schiebt sich keilförmig in die ReUse-Konstellation hinein und versperrt den Kund(inn)en den Weg zum ReUse-Produkt.

Subkonstellationen und Zoom-Technik

Die grafische Darstellung der Konstellation hat die erwünschte Folge, dass komplexe Sachverhalte auf ihren wesentlichen Kern reduziert und auf der Makro-Ebene thesenartig zugespitzt dargestellt werden können. Die Beschreibung von Teilkonstellationen ermöglicht auf der Meso-Ebene eine detailliertere Analyse. In einem weiteren Schritt der Kartierung wird mit der Suche nach wichtigen Subkonstellationen der analytische Blick auf die Mikro-Ebene der Konstellation gerichtet. Mit dieser Zoom-Technik können kleine Ausschnitte oder (hybride) Elemente der Konstellation, die für das vertiefte Verstehen der Konstellation bedeutsam erscheinen, herangezoomt und im Detail betrachtet werden. Diese Subkonstellationen werden detailliert in ihren Elementen und Relationen kartiert, wobei in der Regel weitere wichtige Elemente identifiziert und auf ihre Relevanz für die Gesamtkonstellation hin betrachtet werden können.

Im ReUse-Beispiel stellt sich das wie folgt dar:
Die Vermutung, dass rund um die Nutzer-Ware-Beziehung eine erste wichtige Subkonstellation besteht, kann etwas genauer unter die Lupe genommen werden. Genau an dieser Stelle – so unsere Interpretation – treibt die dominante Teilkonstellation mit wichtigen destabilisierenden Elementen geradezu einen Keil in die ReUse-Teilkonstellation (vgl. die gestrichelte Linie in Abbildung 9). Eine genauere Betrachtung der Nutzer-Ware-Subkonstellation verdeutlicht den Aufwand, mit dem das ReUse-Produkt zum Kunden gebracht werden muss:

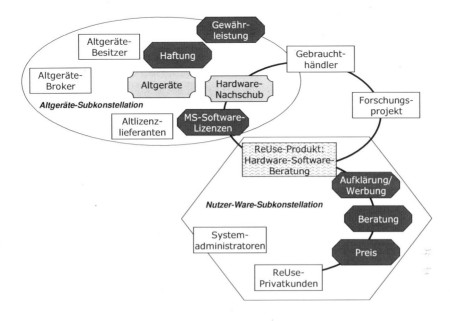

Abbildung 10: Subkonstellationen in der Konstellation „Wiederverwendung von gebrauchten Computern"

Eine Mischung aus aufwändiger Presse- und Öffentlichkeitsarbeit, die die vergleichsweise geringen Werbemittel ergänzt, um überhaupt auf dem Markt wahrgenommen zu werden; eine intensive, auf den jeweiligen Einzelnutzer bezogene Beratung über die konkrete Ausgestaltung des Produkts; ein Preis, der trotz des hohen individuellen Betreuungsaufwands mit den ständig fallenden Preisen für Neu-PCs konkurrieren muss.

Eine zweite Subkonstellation lässt sich über eine genauere Betrachtung des Elements „Altgerätebesitzer" erschließen. Beim Zoom auf die Altgerätebesitzer konnten weitere Elemente, die für den Nachschub mit Altgeräten maßgeblich sind, erkannt werden. Dabei handelt es sich um Fragen der Gewährleistung und Haftung für Altgeräte sowie um Altgeräte-Broker, die in Konkurrenz zu ReUse stehen.

2.3.2 Schritt 2: Die Analyse der Charakteristika

Ziel dieses Arbeitsschrittes ist es, die Konstellation in ihren charakteristischen Eigenheiten und Funktionsprinzipien zu verstehen und zu interpretieren.

Leitfragen für die Analyse der Charakteristika sind:
- Nach welchen Prinzipien funktioniert die Konstellation? Welche Elemente und Relationen sind zentral für die Funktionsfähigkeit der Konstellation?
- Welche besonderen Eigenschaften weist die Konstellation auf in Bezug auf Regulierung, technische Dominanz, bestimmende Akteure?
- Lassen sich eine oder mehrere Allianzen zwischen Elementen der Konstellation identifizieren?
- Gibt es zentrale Elemente, die Definitionsmacht über andere Elemente in der Konstellation ausüben können? Wenn ja, auf welche Elemente bezieht sich die Definitionsmacht?

Es ist wahrscheinlich, dass ein Teil dieser Fragen schon bei der Kartierung der Konstellation zumindest andiskutiert wurde. In diesem Schritt werden sie anhand der Grafik systematisch erörtert und die gemeinsam getragenen Ergebnisse wiederum grafisch und textlich festgehalten. Dabei wird sich die Konstellationskartierung möglicherweise noch einmal verändern.

Die Funktionsprinzipien der Konstellation

Hier geht es darum, auf der Makroebene der Gesamtkonstellation zu analysieren, ob die Konstellation nach einem oder mehreren grundlegenden Prinzipien funktioniert. Die Elemente der Konstellation werden durch die Funktionsprinzipien angeordnet, und die Aktivitäten der Elemente richten sich an deren Logiken und Rationalitäten aus. Die Funktionsprinzipien bilden damit den inneren Zusammenhalt der Konstellation.

Im ReUse-Beispiel stellt sich das wie folgt dar:
Wie wir bereits herausgearbeitet haben, setzt sich die Gesamtkonstellation „Wiederverwendung von gebrauchten Computern" aus zwei Teilkonstellationen zusammen. Diese beiden Teilkonstellationen funktionieren nach unterschiedlichen Prinzipien.

Das „Neuigkeitskonzept" ist das Funktionsprinzip der dominanten Konstellation, denn die Konstellation lebt davon, dass der Aufschaukelprozess zwischen Hard- und Software zu schnellen Innovationszyklen und ständigen Entwertungsprozessen führt. Diese Beschleunigung überfordert die Nutzer – Systemadministratoren wie Privatkunden. Um auf der sicheren Seite, also kompatibel und vernetzungsfähig, zu sein, kaufen und installieren sie jeweils das Neueste, das auf dem Markt zu haben ist.

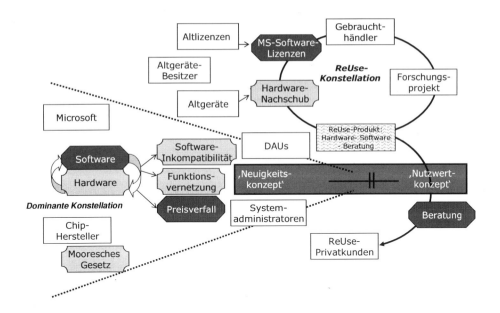

Abbildung 11: Funktionsprinzipien der Konstellation „Wiederverwendung von gebrauchten Computern"

Das Funktionsprinzip der ReUse-Teilkonstellation ist demgegenüber von dem Gedanken der Kreislaufführung und des Nutzwertes der PCs bestimmt: dem „Nutzwertkonzept". Diese Teilkonstellation ist darauf ausgerichtet, die Hardware möglichst lange in verschiedenen Nutzungszyklen zu halten. Um dieses Ziel zu erreichen, muss die spezifische Nutzenerwartung der Kund(inn)en Kern der Produktkonzeption und des Vertriebs sein.

Die beiden Funktionsprinzipien – das Neuigkeitskonzept und das Nutzwertkonzept – sind sich gegenseitig ausschließende Prinzipien. Sie stehen sich unvereinbar gegenüber, so dass ein Zusammenwachsen oder gar Verschmelzen der beiden Teilkonstellationen unter Beibehaltung der jeweiligen Funktionsprinzipien ausgeschlossen werden kann.

Besonderheiten der Konstellation

Hier geht es darum, mit einem Blick aus der Vogelperspektive die Besonderheiten und speziellen Themen der Konstellation zu erfassen. Diese können bereits in den vorangegangenen analytischen und grafischen Schritten herausgearbeitet worden sein oder erst jetzt entdeckt werden. Sie sollten jedenfalls noch einmal schriftlich zusammengefasst und gegebenenfalls grafisch hervorgehoben werden. Dabei kann es sich beispielsweise um folgende Aspekte handeln: Unter- oder überregulierte (Teil-)Konstellationen, besondere Allianzen oder Konfliktlinien et cetera. Die Typisierung der Elemente und Relationen kann bei der Analyse der Besonderheiten unterstützend wirken, da sie eine Häufung oder Unterrepräsentanz einzelner Typen deutlich macht.

Im ReUse-Beispiel stellt sich das wie folgt dar (siehe Abbildung 11):
Die ReUse-Teilkonstellation wird von einer Allianz, bestehend aus Forschungsprojekt und Gebrauchthändlern, getragen. In der inneren ReUse-Teilkonstellation befinden sich bislang keine Zeichenelemente, was auf eher persönliche als formalisierte soziale Beziehungen schließen lässt. Eine Besonderheit stellen auch die jeweiligen Produkte im Kern der beiden Teilkonstellationen dar: Während in der dominanten Konstellation die Hardware-Software-Kombination in einer engen Verknüpfung von ökonomisch monopolisiertem und technisch hoch standardisiertem Produkt angeboten wird, wird das ReUse-Produkt für jeden individuellen Kunden mit einem hohen Kommunikationsaufwand neu zusammengestellt. Im ersten Fall sind wenige soziale Akteure an einem Massenprodukt beteiligt, im zweiten Fall viele soziale Akteure an Unikaten. Die monopolartig organisierte technische Standardisierung des Massenprodukts ist der Motor der dominanten Konstellation, der Begriff des Neuigkeitskonzepts fasst dies als Funktionsprinzip der dominanten Konstellation zusammen. Eine weitere Besonderheit – mit weit reichenden Auswirkungen (vgl. Kapitel 2.3.3) – ist die Struktur der ReUse-Teilkonstellation als unvollständige Acht, bei der die Rückbindung der Kunden an die ReUse-Konstellation durch den Keil der dominanten Konstellation gestört ist. Allerdings kann man das nicht als Konfliktlinie bezeichnen. Die beiden Teilkonstellationen verharren derzeit eher in friedlicher Koexistenz, weil die ReUse-Konstellation als Nischenkonstellation für die dominante Konstellation bislang kaum wahrnehmbar ist.

Definitionsmacht
Nun wird die beschriebene Konstellation daraufhin befragt, ob es Elemente gibt, die eine Definitionsmacht über andere Elemente haben und so auf deren Position oder Funktion in der Konstellation einen bestimmenden Einfluss ausüben. Umgekehrt gilt es, widerständige Elemente in der Konstellation zu identifizieren, die die ihnen zugeschriebene Rolle nicht annehmen. Die Identifizierung der definitionsmächtigen und der widerständigen Elemente liefert in der Regel Ansatzpunkte für Strategieentwicklungen in der Konstellation.

Im ReUse-Beispiel stellt sich das wie folgt dar:
Von den zunehmend miteinander verschraubten Elementen Hardware und Software der dominanten Konstellation (z.B. WindowsXP) geht, wie bereits mehrfach erwähnt, eine besondere Kraft aus.

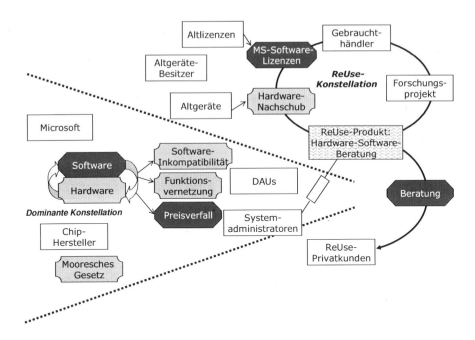

Abbildung 12: Definitionsmacht in der Konstellation „Wiederverwendung von gebrauchten Computern"

Die Folgen, die diese definitionsmächtige Kombination zweier Elemente auslöst, wie Software-Inkompatibilität, Funktionsvernetzung und Preisverfall bei Neugeräten, führen zu einer dramatischen Verengung des Handlungsspielraums von Kunden (DAUs) und Systemadministratoren. Um die Definitionsmacht der Elemente noch genauer zu bestimmen, könnte man beispielsweise die Subkonstellation aus Software, Hardware, Chip-Herstellern und Microsoft genauer untersuchen.

Ein widerständiges Element in der ReUse-Teilkonstellation sind die Systemadministratoren. Sie agieren zwar nicht aktiv gegen das ReUse-Projekt mit seinen Akteuren und Produkten, aber sie nehmen die ihnen von der ReUse-Allianz aus Forschungsprojekt und Gebrauchthändlern zugeschriebene Rolle als Schlüssel zu den Großkunden auch nicht an. Sie ignorieren das ReUse-Produkt einfach und bedienen sich weiter im Angebot der dominanten Konstellation.

2.3.3 Schritt 3: Die Analyse der Veränderungsprozesse

Ziel dieses Arbeitsschrittes ist es, die Dynamiken, die *in* der Konstellation und *auf* die Konstellation wirken, zu identifizieren (vgl. Kapitel 4.2). Leitfragen für die Analyse der Veränderungsprozesse sind:

- Welche Elemente, Elemente-Gruppen oder Subkonstellationen verändern die Konstellation?
- Tauchen neue Elemente auf, etwa durch Veränderungen im Kontext der Konstellation, die Dynamik in die Konstellation bringen? Werden Veränderungsprozesse durch das Verschwinden von Elementen aus der Konstellation ausgelöst?
- Verändern sich Beziehungen zwischen Elementen und lösen damit Dynamiken aus?
- Verändern diese Prozesse die Konstellation in ihrer Struktur, ihren Funktionsprinzipien oder Charakteristika? Oder wirken diese Prozesse eher auf einzelne Elemente, Teil- oder Subkonstellationen?
- Wie stabil ist die Konstellation? Welche Elemente oder Elemente-Gruppen stabilisieren und welche destabilisieren die Konstellation in der jeweiligen Situation?
- Welche Prozesse haben die Konstellation zu verschiedenen Zeitpunkten ihrer Entwicklung entscheidend verändert? Was genau hat die Veränderungen ausgelöst und wie hat sich die Konstellation verändert? Welche künftige Entwicklung der Konstellation zeichnet sich ab?

Die grafische Darstellung der Konstellation kann zu einer statischen Betrachtung verführen. Daher muss der Analyse der Dynamiken, die in und auf Konstellationen wirken, besondere Aufmerksamkeit gewidmet werden. Da dynamische Entwicklungen in komplexen Konstellationen grafisch – außer in animierten Präsentationen – schwer darstellbar sind, ist es sinnvoll, Konstellationen zu verschiedenen Zeitpunkten zu kartieren.

Dynamiken innerhalb der Konstellation

Gibt es Elemente, Beziehungen oder Subkonstellationen innerhalb der Konstellation, die in Bewegung geraten? Ziel ist es, Entwicklungs- und Veränderungsprozesse in der Konstellation zu identifizieren und die Folgen dieser Prozesse für die Anordnung der Elemente im Raum und den Typus ihrer Beziehungen zueinander zu erfassen. So können beispielsweise Elemente zentraler oder randständiger werden, es können sich neue Allianzen bilden, alte zerbrechen oder Konflikte auftreten.

Im ReUse-Beispiel stellt sich das wie folgt dar:

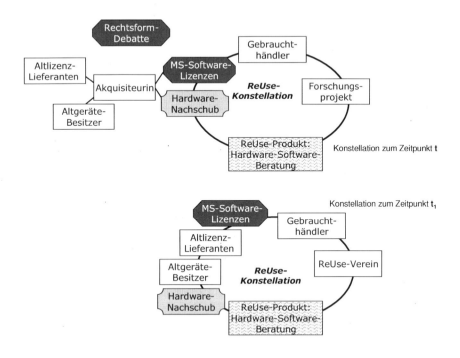

Abbildung 13: Innere Dynamik der ReUse-Teilkonstellation

Eine der inneren Dynamiken ergibt sich daraus, dass das Forschungsprojekt eine begrenzte Laufzeit hat. Die sozialen Akteure im inneren Kreis der ReUse-Teilkonstellation – das Forschungsprojekt und die Gebrauchthändler – reorganisieren sich daher mit der Akquisiteurin im ReUse-Verein, um die zentrale Funktion, die das Forschungsprojekt einnimmt, aufrecht zu erhalten. Der Reorganisation ging eine Rechtsformdebatte voraus, in der die Akteure nach der günstigsten Organisationsform suchten. Mit dem entsprechenden Zeichenelement konnte so bereits auf sich ankündigende Veränderungen hingewiesen werden. Mit der Vereinsgründung verschwindet das Element Rechtsformdebatte und einige bislang einzeln agierende Akteure werden in den ReUse-Verein integriert. Zugleich werden die Geschäftsbeziehungen zu den Altgeräte- und Altlizenz-Lieferanten stärker formalisiert, so dass diese in den inneren Kern der Teilkonstellation einrücken.

Dynamiken aus dem Kontext der Konstellation

Hier sollen die Dynamiken, die aus dem Umfeld der Konstellation kommen, erfasst und visualisiert werden. Solche Dynamiken können beispielsweise durch neue gesetzliche Regelungen, neue Akteure, Naturereignisse oder technische Innovationen ausgelöst werden. Wie beeinflussen diese Dynamiken die Anordnung der Elemente in der Konstellation und ihre Beziehungen zueinander? Kommen neue Elemente in die Konstellation hinein oder bleiben sie als Kontext-Elemente außerhalb der kartierten Konstellation (vgl. Kapitel 2.3.1)?

Im ReUse-Beispiel stellt sich das wie folgt dar:
Im Kontext der Konstellation sprach der Bundesgerichtshof (BGH) ein Urteil zu Altlizenzen für Software, demzufolge der Handel mit verkauften Lizenzen für Computerprogramme erlaubt ist.

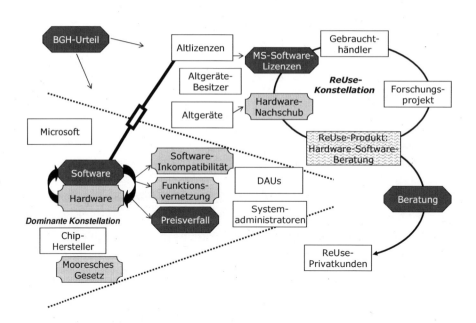

Abbildung 14: Äußere Dynamik in der Konstellation „Wiederverwendung von gebrauchten Computern"

Der ReUse-Teilkonstellation ermöglichte dies den Handel mit alten Microsoft-Programmen. In der dominanten Teilkonstellation wurde dagegen auf diese neuen rechtlichen Rahmenbedingungen mit einer engeren Verknüpfung zwischen Software und Hardware reagiert: Die Microsoft-Software wurde so verändert, dass sie sich in den gekauften Rechner ‚hineinschraubt' und nur auf diesem funktioniert, um so die Weiterverwendung gebrauchter Software zu erschweren beziehungsweise zu verunmöglichen.

Stabilität der Konstellation

Eine stabile Konstellation ist selbsttragend und eigendynamisch. Dabei sollte die Kennzeichnung einer Konstellation als stabil, etwa als eine Art Gleichgewicht, nicht als ein per se positiver Zustand gewertet werden. Vielmehr sollte der analytischen Frage nachgegangen werden, *ob* sie stabil ist und *was* sie gegebenenfalls stabil oder instabil macht. Dazu untersucht man die Konstellation einerseits auf fehlende oder destabilisierende Elemente und Beziehungen. Andererseits fahndet man nach stabilisierenden Elementen und Beziehungen – beispielsweise in Form von Allianzen – und prüft, ob die Konstellation als Ganze möglicherweise stabilisierend wirkt.

Im ReUse-Beispiel stellt sich das wie folgt dar:
Bei der Betrachtung der ReUse-Teilkonstellation erscheint diese als unvollständige Acht, bei der die sozio-ökonomische Rückbindung der Nutzerinnen und Nutzer – also die Nachfrage – fehlt, die das System selbsttragend machen würde. Hinzu kommen die Systemadministratoren als weiteres destabilisierendes Element, die die Großkunden-Bindung an das Produkt unterminieren. Auch das Forschungsprojekt ist ein destabilisierendes Element, da seine Laufzeit begrenzt ist, es aber gleichzeitig eine zentrale Rolle in der Konstellation einnimmt.

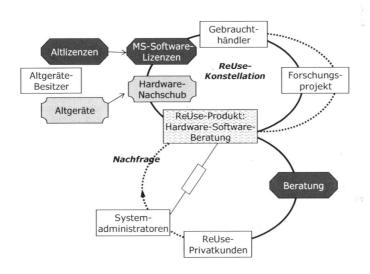

Abbildung 15: Stabilität der ReUse-Konstellation

2.3.4 Zusammenfassung

Die wichtigsten Analyseergebnisse werden sowohl schriftlich als auch grafisch zusammengefasst. Auf der Basis dieser grundlegenden Analyse einer Konstellation können die in Kapitel 4 beschriebenen Anwendungsbereiche – Strategieentwicklung, Analyse von Steuerung in Entwicklungsprozessen, Strukturierung von Perspektivenvielfalt, Integration von Teilergebnissen – angegangen werden.

Für das ReUse-Beispiel ergibt eine kurze schriftliche Zusammenfassung der Analyseergebnisse folgendes Bild:
Die Software, monopolartig von Microsoft entwickelt und verkauft, trifft auf eine Hardware, die in globalisierter Konkurrenz produziert wird und deren Leistung sich nach dem so genannten Mooreschen Gesetz alle zwei Jahre verdoppelt. Obwohl sozial ganz unterschiedlich gelagert, stellt sich das Zusammenspiel der Software- und der Hardwareseite als ein Prozess gegenseitiger Aufschaukelung dar, der zu ständigen Entwertungsprozessen führt: Entweder ist der Rechner zu langsam oder die Software veraltet oder beides. Diese Aufschaukelbewegung hat Folgen: die Softwareinkompatibilität, sobald man die Microsoft-Welt verlässt, die zunehmende Vernetzung verschiedenster Funktionen und Geräte sowie den Preisverfall von neuen PCs. Das Funktionsprinzip dieser dominanten Teilkonstellation ist das Neuigkeitskonzept. Systemadministratoren sind wichtige Träger dieses Funktionsprinzips. Zu dieser dominanten Konstellation gehört nicht zuletzt der DAU, der ‚dümmste anzunehmende User', der ständig auf Hilfe angewiesen ist und genau das auch bleiben muss, damit die Konstellation funktioniert.

  Die kontrastierende Kartierung der ReUse-Teilkonstellation stellt sich wie folgt dar: Normalerweise wandern die noch gebrauchsfähigen PCs in den Müll. Das Forschungsprojekt versucht das zu ändern, indem es aus der gebrauchten Hardware und ‚gebrauchten' Software-Lizenzen mit der Unterstützung von PC-Händlern das ReUse-Produkt zusammenstellt: eine jeweils individuell zugeschnittene Hardware/Software-Kombination, die auf einer intensiven Erörterung des konkreten Kundenbedürfnisses und einer entsprechenden Beratung des Kunden beruht. Daher lässt sich das Funktionsprinzip der ReUse-Konstellation mit dem Begriff des Nutzwertkonzepts kennzeichnen. Der ReUse-Kunde ist somit ein leicht weitergebildeter DAU. Die Systemadministratoren setzen ebenfalls, nur auf ‚höherem' Niveau, routinemäßig auf das Neueste und nicht auf das Bedarfsgerechte. Sie sind aus Sicht der ReUse-Konstellation ein destabilisierendes Element.

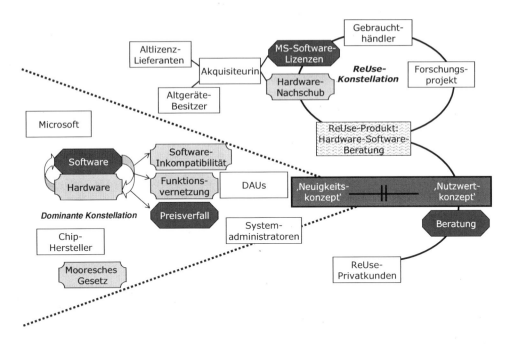

Abbildung 16: Zusammenfassung der Konstellation „Wiederverwendung von gebrauchten Computern"

Wenn die beiden bislang geschilderten Teilkonstellationen als Bestandteile einer Gesamtkonstellation betrachtet werden, dann ergibt sich ein Bild, in dem die dominante Konstellation wie ein Keil in die ReUse-Konstellation hineinragt und sich zwischen das ReUse-Anbieternetz und die Kunden drängt. Den Kund(inn)en wird das ReUse-Produkt mit proaktiver Beratung schmackhaft gemacht, aber von sich aus bedienen sie sich genauso wie die Systemadministratoren routinemäßig in der dominanten Konstellation. In der einen geht es um Neues, in der anderen um den Nutzwert – zwei sich gegenseitig nahezu ausschließende Funktionsprinzipien.

2.3.5 Tabellarische Übersicht der Arbeitsschritte und Leitfragen

Kartierung der Konstellation	
Arbeitsschritte	**Leitfragen**
1. Elemente sammeln und typisieren	• Welches sind die wesentlichen Elemente der Konstellation?
2. Elemente anordnen	• Welche sind zentral, welche sind peripher? Welche hängen eng zusammen, welche stehen eher in loser Verbindung zueinander?
3. Relationen zwischen den Elementen beschreiben	• In welcher Beziehung stehen die verschiedenen Elemente zueinander?
4. Struktur der Konstellation beschreiben	• Gibt es unterscheidbare Teilkonstellationen (z.B. eine Nischen- und eine dominante Konstellation)?
5. Auf Subkonstellationen zoomen	• Gibt es wichtige Subkonstellationen, die gegebenenfalls näher untersucht werden müssen?
6. Der Konstellation einen Namen geben	• Wie lässt sich die Konstellation benennen?
Analyse der Charakteristika der Konstellation	
1. Funktionsprinzipien herausarbeiten	• Nach welchen Prinzipien funktioniert die Konstellation? • Welche Elemente und Relationen sind zentral für das Funktionieren der Konstellation?
2. Besonderheiten der Konstellation analysieren	• Welche besonderen Eigenschaften weist die Konstellation auf, z.B. in Bezug auf Regulierung, technische Dominanz, bestimmende Akteure? • Lassen sich eine oder mehrere Allianzen zwischen Elementen der Konstellation identifizieren?
3. Definitionsmacht der Elemente untersuchen	• Üben zentrale Elemente Definitionsmacht über andere aus?

Analyse der Veränderungsprozesse in der Konstellation	
1. Dynamiken innerhalb der Konstellation analysieren	• Welche Elemente, Elemente-Gruppen oder Subkonstellationen verändern die Konstellation?
	• Verändern sich Beziehungen zwischen Elementen und lösen damit Dynamiken aus?
2. Dynamiken aus dem Kontext der Konstellation analysieren	• Tauchen neue Elemente auf, etwa durch Veränderungen im Kontext der Konstellation, die Dynamik in die Konstellation bringen?
3. Stabilität der Konstellation analysieren	• Verändern diese Prozesse die Konstellation in ihrer Struktur, ihrer Funktionsprinzipien oder Charakteristika? Oder wirken diese Prozesse eher auf einzelne Elemente, Teil- und Subkonstellationen?
	• Wie stabil ist die Konstellation? Welche Elemente oder Elemente-Gruppen stabilisieren und welche destabilisieren die Konstellation?
	• Welche Prozesse haben die Konstellation zu verschiedenen Zeitpunkten ihrer Entwicklung entscheidend verändert? Was genau hat die Veränderungen ausgelöst?
	• Welche künftige Entwicklung der Konstellation zeichnet sich ab?
Zusammenfassung der Ergebnisse	

3 Charakteristika, Inspirationsquellen und Verortung der Konstellationsanalyse

Bei der Erarbeitung der Konstellationsanalyse haben wir auf konzeptionelle Grundannahmen wie auch auf Ergebnisse der neueren Wissenschafts- und Technikforschung zurückgegriffen und sie sehr pragmatisch und an konkreten Gegenständen (vgl. Kapitel 4) zu einem Brückenkonzept für die problemorientierte Forschung weiterentwickelt. Es ist Ziel dieses Kapitels, die Herkunft der Konstellationsanalyse offen zu legen und ihre Besonderheiten pointiert vorzustellen. Da unsere konzeptionellen Grundannahmen aus sozialwissenschaftlichen Forschungsrichtungen und Debatten stammen, hat die nachfolgende Darstellung – trotz des letztlich interdisziplinären Zieles der Konstellationsanalyse – einen gewissen sozialwissenschaftlichen ‚Zungenschlag'. Sie kann sich deshalb nicht am Ideal einer möglichst theoriefreien und allgemeinverständlichen Sprache orientieren. Das Kapitel gliedert sich wie folgt:

- In einem ersten Schritt umreißen wir den Status der Konstellationsanalyse als ein Brückenkonzept für problemorientierte Forschung, auch um die für das avisierte Einsatzpotenzial erhobenen Geltungsansprüche zu verdeutlichen – und ausdrücklich auch die nicht erhobenen Ansprüche (Kapitel 3.1).
- Anschließend benennen wir die wichtigsten konzeptionellen Inspirationsquellen für die Entwicklung der Konstellationsanalyse und skizzieren, wie sich deren spezifisches Profil zu anderen Analyseansätzen verhält (Kapitel 3.2).
- Abschließend begründen wir, weshalb die grafische Darstellung den methodischen Kern der Vorgehensweise bildet, weshalb also bei allen Konstellationsanalysen grafische Kartierungen das gesprochene oder geschriebene Wort in entscheidender Weise ergänzen, um eine hinreichende Grundlage für interdisziplinäre Verständigungsprozesse zu erreichen (Kapitel 3.3).

3.1 Die Konstellationsanalyse als Brückenkonzept

Die Konstellationsanalyse soll einen gangbaren Weg für problemorientierte Forschung eröffnen. Sie soll, mit anderen Worten, als Verfahren eine Brücke für die beteiligten disziplinären Perspektiven bauen. Daher bezeichnen wir sie als ein Brückenkonzept. Doch welcher Status kommt einem solchen Brückenkonzept im Konzert der wissenschaftlichen Herangehensweisen zu, und welche wissenschaftlichen Ansprüche können damit verbunden werden? Diese Frage wollen wir nicht auf abstrakt erkenntnistheoretischem Wege angehen, sondern eine knappe Verortung in sozialwissenschaftlichen Forschungsbereichen vornehmen, um die Konstellationsanalyse für verschiedene disziplinäre Fragestellungen anschlussfähig zu halten (vgl. Kapitel 2.1). Darüber hinaus wollen wir unseren Ansatz in den aktuellen Debatten um die Anforderungen an problemorientierte Forschung positionieren.

Die aktuelle Konjunktur von problemorientierter, interdisziplinärer Forschung hat ihren Grund in der verbreiteten Wahrnehmung, dass die traditionelle disziplinäre Wissenschaft einem Entgrenzungsprozess unterworfen ist. Stichworte wie der „neue Modus der Wissensproduktion" (Gibbons et. al. 1994) oder die „postakademische Wissenschaft" (Bammé 2004)[5] benennen diese Diagnose. Ganz gleich, ob diese Diagnose traditionsbewusst beklagt oder die neuen Chancen der „heterotopischen" Verhältnisse (Willke 2003) gefeiert werden[6], bleibt doch die Aufgabe, den neuen Problemstellungen in „postnormalen" Zeiten (Funtowicz & Ravetz 1993) Rechnung zu tragen und diese wissenschaftlich zu bearbeiten. Das ist die zentrale Herausforderung, der sich jede ernstgemeinte Rede von problemorientierter Forschung stellen muss.

Diese Herausforderung hat zwei Seiten. Einerseits ist Wissenschaft in modernen Gesellschaften nicht zufällig disziplinär verfasst. Alle wesentlichen Aspekte der wissenschaftlichen Wissensproduktion – die Möglichkeit, Reputation zu erwerben und aus kollegialer Kritik zu lernen, die Fixierung des Standes der Forschung, die Notwendigkeit, sich dem Peer-Review zu unterwerfen et cetera – werden in den Einzeldisziplinen geregelt und nirgends sonst – nicht von der Politik oder der Ökonomie, um die beiden aktuellen Herausforderer dieses Modells beim Namen zu nennen. Andererseits aber sind, wenn die Problemstellungen komplexer werden und Expertise unterschiedlicher disziplinärer Herkunft notwendig ist, Konzepte und methodische Herangehensweisen gefragt, die es den beteiligten Disziplinen erlauben, sich auf Augenhöhe zu begegnen. Dafür muss eine gemeinsame Basis geschaffen werden, ohne die jeweils disziplinär begründeten Expertisen in Frage zu stellen. Es sind also Konzepte gefragt, die disziplinäre Kerne oder Grundüberzeugungen nicht tangieren, aber doch den Brückenschlag ermöglichen. Daher können weder die Orientierung wissenschaftlicher Arbeit an einer privilegierten Leitdisziplin noch die Verpflichtung auf ein gesellschaftliches oder politisches Ziel dauerhaft als wichtigste Maxime der Wissensproduktion und Wissensbewertung funktionieren. In dieser Situation müssen Wege gefunden werden, die Differenzen zwischen den jeweiligen Sichtweisen anzuerkennen und dennoch eine fokussierte Zusammenarbeit zu ermöglichen.

Wie eine solche Brücke zwischen verschiedenen disziplinären Zugängen gebaut werden kann und welche Methodik dabei unterstützend wirken kann, wird allerdings

---

[5] Dieser umfassende (und zudem gut lesbare) ‚Lagebericht' zieht eine große Linie von der produktiven Provokation der konstruktivistischen Science and Technology Studies in den späten 1970er Jahren über die Science Wars, die aufgeregten Debatten über Fälschung in den Wissenschaften bis hin zur Frage, ob eine neue „postakademische Wissenschaft" möglich ist.

[6] In dieser Debatte schließen wir eher an den Konzeptualisierungsvorschlag von Funtowicz & Ravetz 1993 und 2001 an, denn dort wird die problemorientierte Forschung als eine Anlagerung an einen nach wie vor disziplinär organisierten Kern von Wissenschaft vorgestellt. Zudem begründen die Autoren die zunehmende Notwendigkeit von problemorientierter Forschung mit dem Vorliegen von komplexen Problemlagen, wobei sie ein Verständnis von Komplexität zugrunde legen, das dem unseren analog ist: Komplexität lässt sich demzufolge zum einen durch signifikante, nicht reduzierbare Unsicherheiten in der Analyse des Systems charakterisieren und zum anderen durch eine Vielfalt legitimer Perspektiven auf das jeweilige Problem (vgl. Funtowicz & Ravetz 2001, S. 16-18).

sehr selten zum Thema gemacht. Die Aufgeregtheit, die mit der Rede von gänzlich neuen Modi der Wissensproduktion und Wissensbewertung einhergeht, trägt sicherlich zu diesem Defizit bei. Dabei wird zumeist übersehen, dass schon innerhalb der ganz normalen disziplinären Wissenschaft verschiedentlich auf die Notwendigkeit von Konzepten mit Brückencharakter hingewiesen wurde. Das ist typischerweise immer dann der Fall, wenn eine immer weitere Aufsplitterung in Subsubdisziplinen als ein gravierendes Problem wahrgenommen wird. In einer solchen, für alle Sozialwissenschaften typischen Situation lassen sich theoretische Ansätze gar nicht mehr vergleichen und erst recht keine Aussagen mehr darüber treffen, welcher Ansatz oder welche Theorie denn nun besser geeignet ist, Forschungsfragen zu beantworten oder empirische Daten angemessen abzugleichen. Eine Möglichkeit, die notwendige Vergleichbarkeit überhaupt herzustellen, ist die Verwendung von so genannten „Theorien mittlerer Reichweite" (Merton 1967) im Sinne eines stark vereinfachten logischen Gerüstes, das eine wechselseitige Bezugnahme von Theoriebausteinen ermöglicht und deshalb nur eine sehr begrenzte Erklärungskraft beansprucht. Es handelt sich dabei um Hilfskonstruktionen für einen externen Zweck. Dieses Charakteristikum trifft auch auf die Konstellationsanalyse zu. In ihrem Fall ist dieser externe Zweck, eine fokussierte interdisziplinäre Kooperation zu einer Problemstellung zu ermöglichen. Fragen von logischer Konsistenz und Theoriebildung werden daher nicht adressiert.

Die Ergebnisse, die mit einem Brückenkonzept erzielt werden, wie zum Beispiel die Kartierungen, haben also einen gewissen Zwischencharakter. Sie bereiten die Bearbeitung der eigentlichen Forschungsfragen vor. Die Rückübersetzung dieser Ergebnisse in die disziplinär verfasste Wissenschaft wird allerdings dadurch erleichtert, dass das methodische Vorgehen der Konstellationsanalyse eine gewisse Ähnlichkeit mit einer quasi-experimentellen Situation hat. Denn jeder Stand der Kartierung einer konkreten Konstellation ist auch die Fixierung einer vorläufigen Annahme über die wesentlichen Zusammenhänge, die dann in einem nächsten Schritt auf ihre Tragfähigkeit hin überprüft werden. Dieses methodisch kontrollierte, schrittweise Vorgehen ist eine wichtige Voraussetzung, um einen Anschluss an disziplinspezifische Fragestellungen und Empirie herzustellen. Diese herausfordernde Frage für die Konstellationsanalyse greifen wir in Kapitel 5.5 nochmals auf.

3.2 Der konzeptionelle Kern: Denken in Relationen von heterogenen Elementen

Auch wenn die Konstellationsanalyse ein Instrument für die problemorientierte interdisziplinäre Forschung ist und als Brückenkonzept ihren Zweck nicht in sich selbst trägt, so beinhaltet sie bei aller pragmatischen Ausrichtung doch einige gewichtige Vorentscheidungen, die bereits in die konzeptionellen Kernpunkte (vgl. Kapitel 2.1) eingehen. Die erste Entscheidung ist die Berücksichtigung von heterogenen, das heißt nicht nur sozialen Elementen, die gleichrangig behandelt werden. Die zweite Vorentscheidung ist die, alle Aussagen über den Zusammenhang und die Eigenlogik des Gesamtzusammenhanges zu beschränken, denn es wird ausschließlich von den offensichtlichen Einzelelementen und Einzelrelationen einer Konstellation ausgegangen.

Diese beiden Grundentscheidungen wirken unserer Erfahrung nach besonders in sozialwissenschaftlichen Forschungs- und Diskussionszusammenhängen mitunter etwas anstößig, da damit die alleinige Zurückführung auf Akteursintentionen und -handlungen ebenso zurückgewiesen wird wie die Suche nach verborgen wirkenden Interessenkomplexen und globalen Einflussfaktoren. Die Konstellationsanalyse unterscheidet sich somit nicht nur in Hinsicht auf Fragen des Status und der Methodologie von anderen Analyseansätzen, sondern auch in Hinsicht auf die zugrunde gelegten Annahmen.

In diesem Teilkapitel werden die angesprochenen Vorentscheidungen dargelegt, eingeordnet und unsere Inspirationsquellen aus der Wissenschafts- und Technikforschung vorgestellt. Dabei positionieren wir unseren Ansatz nicht gegenüber einzelnen ausgearbeiteten Theorien, sondern benennen die zugrunde gelegten Evidenzen. Damit meinen wir Grundüberzeugungen, die Fragestellungen erst drängend machen, Überzeugungen festigen und wohl hinter jedem konzeptionellen Ansatz stecken. Bei der Darstellung folgen wir der Unterscheidung in eine Mikro- und eine Makroebene bei der Analyse:

- Die Mikroebene besteht aus den als relevant erkannten Grundeinheiten der jeweils analysierten Konstellation (den Elementen).
- Aus deren fortlaufendem Wechselspiel bildet und reproduziert sich die Makroebene von Konstellationen, das heißt jene Gesetzmäßigkeiten, Ordnungsprinzipien und Trends des Gesamtzusammenhanges (die Funktionsprinzipien und Dynamiken der Gesamtkonstellationen), die durch die Einzelinteraktionen (z.B. die aus den Intentionen der Akteure begründeten Handlungen) zwar ausgelöst werden, aber allen Beteiligten als nicht beeinflussbar gegenübertreten.

Anschließend stellt sich üblicherweise die Frage nach dem Wechselverhältnis oder der Vermittlung zwischen diesen beiden Ebenen. So ist es auch bei einem der zentralen Begriffe der Konstellationsanalyse: den Relationen. Allerdings tritt an dieser Stelle wiederum der methodisch-pragmatische Charakter der Konstellationsanalyse in den Vordergrund, da sie nicht auf die Ausarbeitung eines verallgemeinerbaren Vermittlungskonzeptes zielt, sondern auf eine schrittweise Annäherung an eine von allen Beteiligten geteilte Gesamtsicht des untersuchten Gegenstandes.

Die Heterogenität der relevanten Elemente

Es ist der Ausgangspunkt der neueren Wissenschafts- und Technikforschung, beziehungsweise der interdisziplinären „Science and Technology Studies" (STS), auch naturwissenschaftliche und technische Wissensbestände zum Gegenstand sozialwissenschaftlicher Untersuchung und Erklärung zu machen.[7] Daher haben sich die STS von der Technikfolgenforschung abgegrenzt und immer wieder zu zeigen versucht, dass es nicht genügt, wenn sich Sozialwissenschaften nur mit naturwissenschaftlichen Irrtümern und technischen Fehlschlägen befassen. Im Gegenteil, gerade in den erfolgreichen Entdeckungen und Erfindungen melde sich weder die ‚wahre Natur da draußen' noch eine technische Eigenlogik. Vielmehr seien sie von Akteursinteressen und den Ergebnissen entsprechender Aushandlungsprozesse, von Leitvorstellungen und Hintergrundannahmen, von politischen und ökonomischen Rahmenbedingungen et cetera geprägt.

In Verfolgung dieses Programms haben die STS an einer Vielzahl von Gegenständen gezeigt, wie sehr Akteurshandeln und soziale Kontexte die Wissenschaften prägen, und zwar selbst deren innersten Kern, etwa Laborpraktiken oder das Design von Artefakten. Doch damit nicht genug: Die STS sind – in gewisser Weise entgegen ihrem Programm – immer wieder auch auf die andere Seite des Wechselverhältnisses von Sozialem einerseits und Technischem sowie Natürlichem andererseits gestoßen. So zeigen zahlreiche Studien der STS in eindrücklicher Weise, wie sehr die unmittelbare Lebenswelt und die weiteren Infrastrukturen heutiger Gesellschaften von wissenschaftlichen Erkenntnissen und technischen Artefakten geprägt sind. Daher ist unser Begriff der Kartierung keineswegs zufällig eine direkte Übersetzung aus einer zusammenfassenden Formulierung des Arbeitsauftrages der STS als „mapping the dynamics of science and technology" (Callon et al. 1986).

Von einem ganz anderen Zugang kommt die aufgeklärte, das heißt kritisch gegenüber dem ökologischen Naturalismus eingestellte Nachhaltigkeitsforschung zu einer vergleichbaren Perspektive. Sie befasst sich mit Problemen, die die langfristige Sicherung der gesellschaftlichen Entwicklungsbedingungen gefährden. Diese Problemlagen entstehen aus dem Wechselverhältnis von Natur, Technik und Gesellschaft. Deswegen können Nachhaltigkeitsprobleme auch nicht rein disziplinär bearbeitet werden, sondern erfordern inter- und transdisziplinäre Zugänge (Becker & Jahn 1999, Brand 2000). Die Konstellationsanalyse versucht, genau diese Wechselverhältnisse zu erfassen und den Weg dahin zu operationalisieren.

Wenn das gleichberechtigte Einbeziehen von natürlichen und technischen Elementen wie auch der Bindestrich in der Formulierung „sozio-technische Konstellationen" (Rammert 2003a) dennoch mitunter Anstoß erregen, so liegt das nicht nur an

---

[7] Einen breiten Überblick über den internationalen Forschungsstand bietet Jasanoff et al. 1994, einen schnellen deutschsprachigen Degele 2002 und einen fundierten soziologischen Rammert 2000.

spezifisch disziplinären Irritationen. Mindestens ebenso wichtig dürfte sein, dass die Evidenz des gesamten Programms der STS von der erkenntniskritischen Position des Konstruktivismus geleitet war. Die Rede von der „sozialen Konstruktion" war und ist eine „wissenschaftliche Kampfvokabel" (Hacking 1999). Es ging und geht dabei um die Aufdeckung und die anschließende Untersuchung der „sozialen Konstruiertheit" von Wissenschaft und Technik. Jenseits aller erkenntnistheoretischen Diskussionen der letzten dreißig Jahre lässt sich diese Position holzschnittartig in zwei Teilevidenzen unterteilen, je nachdem ob der zweite Wortbestandteil („Konstruktion") oder der erste („sozial") hervor gehoben wird.

Dass es sich bei naturwissenschaftlichen Erkenntnissen und technischen Artefakten um etwas „Konstruiertes", etwas von Menschen Gemachtes handelt, bündelt die erste Teilevidenz. Hacking hat den entsprechenden Denkstil auf die Abfolge von aufeinander aufbauenden Basissätzen zugespitzt (ebenda, S. 19). Die Kernaussage, der Satz Nummer eins, lautet ihm zufolge: „X hätte nicht existieren müssen oder müsste keineswegs so sein wie es ist. X [...] ist nicht vom Wesen der Dinge bestimmt; es ist nicht unvermeidlich". Es wird also von einer grundsätzlichen Kontingenz der Dinge ausgegangen, was die rigide Ablehnung jedweden „Determinismus" oder von vorfestgelegten „Trajektorien" von Innovationsverläufen begründet. Seine Faszination und Durchschlagskraft erhält Satz Nummer eins allerdings erst durch eine tiefer liegende Vorannahme, die Hacking als Satz Nummer null so formuliert: „Beim gegenwärtigen Stand der Dinge wird X für selbstverständlich gehalten; X erscheint unvermeidlich" (ebenda, S. 28). Die untersuchten Entwicklungen erscheinen in der öffentlichen wie der wissenschaftlichen Wahrnehmung als naturwüchsig oder sachzwanglogisch und damit als alternativlos. Dies, so die weitere Annahme, ist den Naturwissenschaftler(inne)n und Ingenieur(inn)en, die Wahrheit und technische Funktionalität herstellen, durchaus recht, da sie so die Deutungshoheit über wesentliche Bereiche von Gegenwartsgesellschaften sicher stellen können. Und genau diesem Schein der Notwendigkeit soll die Basis entzogen werden, indem der hergestellte – eben „konstruierte" – Charakter der Gegenstände nachgewiesen wird. Erst die Berücksichtigung des im Grunde genommen vorwissenschaftlichen Basissatzes null, seines (ideologie)kritischen Impetus, begründet den Erfolg und die Orientierungsfunktion des konstruktivistischen Programms der STS.

Die zweite Teilevidenz baut darauf auf und betont das „Soziale" im konstruktivistischen Denkstil. Wenn der Satz Nummer eins, wonach es zu jeder wissenschaftlichen wie technischen Entwicklung zu jedem Zeitpunkt ebenso plausible Alternativen gibt, richtig ist, dann wird hinter dem Schein der Notwendigkeit ein Prozess der Aushandlung und Entscheidung durch soziale Akteure sichtbar. Und dass dies so ist, soll gerade für die harten Kernbereiche gezeigt werden, also für naturwissenschaftliche

Experimente und Theoriebildung sowie für den Aufbau und das Funktionieren von technischen Artefakten.

Die Konstellationsanalyse folgt den beiden Teilevidenzen des konstruktivistischen Programms der STS nicht, allerdings aus je unterschiedlichen Gründen, was zu entsprechend unterschiedlichen Begründungen für die Gleichbehandlung heterogener Elemente führt:

Die erste Frage nach dem „konstruierten", das heißt gemachten Charakter der Untersuchungsgegenstände ist für die Konstellationsanalyse nebensächlich, weil sie eine ganz andere Problemklasse adressiert. Ihre Grundevidenz (ihr Satz null) ist nicht die Überwindung einer scheinbaren Unvermeidlichkeit der Realität, sondern die Notwendigkeit einer produktiven Bezugnahme von unterschiedlichen Perspektiven auf komplexe Problemlagen in der wirklichen Welt. Daher teilt sie auch keineswegs den entlarvenden Gestus des Konstruktivismus. Und mehr noch: Sie nimmt an, dass es gar keinen anderen Weg einer Annäherung an ein geteiltes Bild der vorliegenden Problemlage gibt, als davon auszugehen, dass alle beteiligten disziplinären Perspektiven wenigstens wichtige Teilaspekte derselben Wirklichkeit treffen. Die antirealistische Evidenz des Konstruktivismus ist ihr deshalb fremd.[8] Ihr Zweck ist nicht die De-, sondern die problemorientierte Rekonstruktion, und die gleichberechtigte Berücksichtigung heterogener Elemente ist nichts anderes als eine Operationalisierung dieser Aufgabenstellung.

Anders liegt der Fall bei der zweiten Teilevidenz des Konstruktivismus: der Betonung des rein sozialen Charakters aller Prozesse, die die Welt erzeugen. Hier hat sich die Konstellationsanalyse nicht von der Ausgangsprogrammatik der STS, sondern von ihren Ergebnissen inspirieren lassen: dem eingangs schon genannten Befund, wonach Gegenwartsgesellschaften ohne die in sie eingewobenen naturwissenschaftlichen Erkenntnisse sowie technischen Artefakte und Infrastruktursysteme gar nicht verstanden werden können. Dieser Befund hat auch innerhalb der STS eine ganze Reihe von Erklärungskonzepten inspiriert, die sich ebenfalls von der konstruktivistischen Aus-

---

8   Pickering (1989, 1993) hat seine Position, wonach es eine nicht ins Soziale auflösbare, weil erst nachträglich interpretierbare „material agency" gibt, in Auseinandersetzung mit den letztlich philosophischen Debatten in den STS als einen „non-skeptical antirealism" bezeichnet (1993, S. 183ff). Auch wenn wir mit dieser Position stark sympathisieren, wollen wir doch eine andere Hausnummer für unsere Position angeben: Die Konstellationsanalyse ist wohl eher an einem skeptischen Realismus orientiert. Zumindest darf bei der Rekonstruktion von Konstellationen eine disziplinäre Sichtweise, wonach sich aus eben dieser Sicht bestimmte Teilzusammenhänge als „natürlich" oder aus der „Logik der Technik" ergeben, nicht von vornherein unter Ideologieverdacht gestellt werden. Dennoch: Jede Rekonstruktion mit Hilfe der Konstellationsanalyse ist abhängig von der leitenden Fragestellung und je nach Frage können die (Zwischen-)Ergebnisse einer Konstellationsanalyse deutlich unterschiedlich ausfallen. Zu wissen, dass das so ist, ist das Skeptische an einem solchen Realismus.

gangsproblematik abgrenzen.⁹ Im Folgenden beziehen wir uns auf einige dieser Konzeptionen.

Bezüge zu verwandten Ansätzen

Die gleichberechtigte Betrachtung von heterogenen Elementen verweist auf die Akteur-Netzwerk-Theorie (ANT) als eine wichtige Inspirationsquelle für die Konstellationsanalyse, und zwar vor allem in ihrer frühen, sozusagen klassischen Ausprägung (paradigmatisch zusammengefasst bei Latour 1987). Der Grundgedanke der ANT ist der folgende: Naturwissenschaftliche Erkenntnisse und technische Innovationen werden nur innerhalb eines Netzwerkes aus einer Vielzahl von heterogenen Weltbestandteilen stabil und realitätsmächtig. Dabei muss dieses Netzwerk so eng geknüpft werden, dass alle relevanten Bestandteile sich wechselseitig stützen. Naturwissenschaft und Ingenieurwesen betreiben, wie es in einer sehr schönen Formulierung heißt, „heterogeneous engineering" (Law 1987). Deshalb hängt die Frage, woraus diese Netze konkret bestehen, ganz vom je vorliegenden Fall ab und kann nur dadurch beantwortet werden, dass man in anthropologischer Einstellung „den Akteuren folgt". Die Netze selbst werden zwar von Akteuren geknüpft (daher der Name des Ansatzes), doch auch ihre Position und selbst ihr Akteursstatus ergeben sich aus den Netzrelationen und können sich somit im Laufe der Entwicklung verändern. Gleiches gilt für natürliche und technische Bestandteile (die Dinge), die auf Grund ihrer Materialität einerseits als geronnene institutionelle Ordnung fungieren können (wie der berühmte „Berliner Schlüssel"; Latour 1996b) und denen andererseits auch eine Art Vetorecht zukommen kann – sie können sich weigern, mitzuspielen.

Der Ansatz und die konkreten Studien der ANT haben radikal auf die „Technik- und Naturvergessenheit der Sozialwissenschaften" (Rammert 1998b) hingewiesen, und waren und sind zugleich Faszinosum wie auch Provokation. Wir verstehen die Konstellationsanalyse bis zu einem gewissen Grad als eine – zugegebenermaßen undogmatische – methodische Nutzbarmachung einiger Grundgedanken der ANT, wobei unser grafisch gestütztes Verfahren an die Stelle der bewusst inhaltsleeren „Aktanten" als Grundeinheit der ANT tritt.¹⁰ Dagegen ist eine Linie der Kritik an der ANT ernst zu nehmen, die auf deren „machiavellistischen" Bias zielt. Damit ist folgendes gemeint:

- Die Aktivitäten der Netzwerkbildung werden schon begrifflich als reine Durchsetzung beschrieben – es ist beispielsweise ist von „Alliierten" die Rede;

---

9 Einige dieser konzeptionellen Ansätze sind etwa in den Sammelbänden Pickering 1992, Bijker & Law 1992, Halfmann et al. 1995 oder Rammert 1998a versammelt. Die Übertragung auf die Innovationsforschung lässt sich zum Beispiel in dem Sammelband Sørensen & Williams 2002 und bei Braun-Thürmann 2005 nachvollziehen.
10 Die Konstellationsanalyse kann es sich aufgrund ihres pragmatisch-methodischen Charakters leisten, die sicherlich vorhandenen (sozial-)theoretischen Unklarheiten der ANT (vgl. Schulz-Schaeffer 2000) außen vor zu lassen und sich um die fundamental modernitätskritische (etwa bei Latour 1995) oder postmodern-verspielte (etwa Law 1995) Ausrichtung der neueren ANT einfach nicht zu kümmern.

- es stehen – jedenfalls in den empirischen Fallbeschreibungen – zumeist Zentralakteure im Fokus (wie z.B. die Figur Pasteurs bei Latour 1988) und
- die Erschaffung und Dynamik von Akteur-Netzwerken kennen nur die Alternativen von „Wachstum" oder „Sterben" (Latour 1996a).

Dieser Bias ist der Konstellationsanalyse vollkommen fremd, da sie ja die Vielfalt ebenso notwendiger wie legitimer Sichtweisen ständig betont. Glücklicherweise ist die skizzierte Linie der Kritik an der ANT von einer Position aus ausgearbeitet worden, die auch für die Konstellationsanalyse einen uns in mehrerlei Hinsicht anschlussfähigen Gegenentwurf darstellt.

Diese Position ist die des Pragmatismus beziehungsweise des Interaktionismus in den STS (vgl. die Übersichten Fujimura 1991; Strübing 1997, 2005). Grundlage der Kritik am „machiavellistischen" Bias von ANT (stilbildend Star 1991 und als ‚Kompromissvorschlag' Fujimura 1992) ist die Grundannahme, dass alle Akteure, jedenfalls in modernen Gesellschaften, in verschiedenen sozialen Welten gleichzeitig leben, wobei diese Welten nur durch das beständige „Commitment" der Beteiligten aufrecht erhalten werden. Daran anschließend werden zwei Themen auf die Agenda der Konstellationsanalyse gesetzt:

Erstens das Thema der Multiperspektivität, denn wenn schon die einzelnen Individuen oder Akteursgruppen ihre Zugehörigkeit zu höchst verschiedenen sozialen Welten immer wieder für sich selbst klären müssen, so gilt dies erst recht für Angehörige voneinander weit entfernter Welten – etwa für Planer(innen), Ökonom(inn)en, Laien und unterschiedlich verortete Politiker(innen) (vgl. unser Beispiel in Kapitel 4.3). Da setzt sich niemand ein für allemal durch und zwingt den anderen Beteiligten seinen Willen auf, sondern es müssen situativ stabile, das heißt die Eigenidentität wahrende und dennoch dauerhafte Bezugnahme ermöglichende Arrangements gefunden werden. Hier besteht eine Wahlverwandtschaft zu unserem Ansatz, denn wir nennen solche Arrangements Konstellationen, und die kollektive Arbeit, die zu deren Rekonstruktion führt, Konstellationsanalyse.

Zweitens wird der Blick für eine mögliche und aus unserer Sicht auch notwendige Differenzierung der jeweiligen Rollen der beteiligten nichtmenschlichen Elemente geöffnet. Wenn Angehörige verschiedener sozialer Welten zusammenarbeiten, dann müssen auch die „richtigen Werkzeuge für den Job" (Clarke & Fujimura 1992) in die Zusammenarbeit eingepasst werden. Das können Verfahren und Standards sein oder aber materielle Dinge wie Proben, Forschungsgeräte und Demonstratoren. Am bekanntesten ist in diesem Zusammenhang das Konzept der „Grenzobjekte" (Star & Griesemer 1989; Star 1989; Star 2003). Dies sind Objekte, die flexibel genug sind, um in unterschiedlichen Welten bedeutsam zu sein und doch robust genug, um das Ganze selbst bei radikaler Deutungsdifferenz auf Dauer zu stellen. Generell wird in dieser Forschungstradition immer die Bedeutsamkeit und Produktivität von Grenzzonen zwischen verschiedenen sozialen Gebilden betont, die nicht zuletzt durch „nichthumane" Elemente zusammen gehalten werden. Dies ist eine weitere Inspirationsquelle dafür, von vornherein heterogene Elemente zu berücksichtigen.

Die Konstellationsanalyse als ein iteratives Wechselspiel von Mikro- und Makro-Ebene

Alle diese Ansätze bleiben selbstverständlich nicht bei der Identifikation der relevanten Einzelelemente stehen, sondern stellen immer die Frage nach der Logik und Wirksamkeit von übergreifenden Ordnungen (etwa Netzwerken, sozialen Welten). Auch bei der Analyse von Konstellationen wird von der Existenz solcher Makro-Ordnungen und Prinzipien ausgegangen, die auf die Einzelelemente zurückwirken und ihre Anordnung bis zu einem gewissen Grad bestimmen.[11] Damit ist zum Zwecke der Verortung allerdings noch nicht genügend gesagt. Denn es gibt in der Technik- wie der Innovationsforschung eine lange Tradition der Konzeptualisierung komplexer Prozesse als „sozio-technische Konstellationen". Auch dort wird, der Bindestrich zeigt es an, vom Zusammenspiel heterogener (technischer, ökonomischer, politischer et cetera) Einheiten ausgegangen. Die Erklärung erfolgt aber durch den Bezug auf allgemeine Makro-Theorien – entweder verschiedene Spielarten der Systemtheorie (so etwa im Tavistock-Ansatz; Emery 1993 [1959]) oder die allgemeine Evolutionstheorie (früh schon bei Gilfillan 1970 [1935]). Damit werden die Ordnungs- und Entwicklungsprinzipien der jeweils analysierten Konstellation aus gegenstandsunabhängigen allgemeinen Gesetzmäßigkeiten abgeleitet. Unabhängig davon, dass gerade diese frühen Beispiele in Hinsicht auf das Thema Heterogenität eine faszinierende Lektüre darstellen, ist dieser Grundansatz dem Charakter der Konstellationsanalyse fremd, da sie immer wieder mit Einzelelementen und Einzelrelationen beginnt und bewusst theoriefern angelegt ist.

Dagegen ist die Konstellationsanalyse stark von Ansätzen inspiriert, die „hybride" oder eben heterogene Konstellationen handlungsseitig beziehungsweise von der Mikroebene her rekonstruieren. Die Ausgangsgangsüberlegung dieser Ansätze ist, dass sowohl einzelne Handlungsakte wie die Handlungsträger sich bei genauer Betrachtung nicht als rein menschlich darstellen, sondern auf heterogene Weltbestandteile verteilt sind. So haben ethnografische Studien[12] in der Tradition der „Activity Theory" (Star 1996) oder der „Distributed Cognition" (Hutchins 1996) herausgearbeitet, wie sehr koordinierte Zusammenarbeit nicht nur von Akteuren und sozialen Organisationsformen geprägt ist, sondern auch von materiellen Dingen wie beispielsweise räumlichen Gegebenheiten, Messinstrumenten oder Kommunikationsinfrastrukturen.

---

11 Wenn etwa Latour 2005 die Mikro-Makro-Unterscheidung in einer neuerlichen Radikalisierung der ANT zu einem anthropologisch zu überwindenden Kardinalfehler der Sozialwissenschaften erklärt, so stehen wir diesem Schritt mit einigem Unverständnis gegenüber.
12 Hier ist besonders das Forschungsfeld der „Workplace Studies" (Suchman 1996) einschlägig.

Auf der gleichen Linie liegt der Vorschlag Rammerts (2003a und 2003b), die Technikgeneseforschung von ihren sozialkonstruktivistischen Wurzeln zu befreien und in Richtung auf einen relationalistischen Ansatz weiter zu entwickeln. Er kritisiert die auf ein autonomes Subjekt bezogene Definition des Handelns und schlägt stattdessen vor, den „Strom des Handelns" mit der umfassenderen Begrifflichkeit von „verteilten Aktivitäten" zu beschreiben, an denen neben verschiedenen Menschen immer auch heterogene Instanzen, Praktiken, Geräte et cetera beteiligt sind. Gleiches gilt dann auch für die Beschreibung technischen Funktionierens, das ebenfalls nicht ‚rein', sondern in seiner Heterogenität zu beschreiben ist, also unter Einschluss der nichttechnischen Funktionsbedingungen. Mehrere solcher Aktivitäten müssen dann geschickt untereinander und mit technischer Agency[13] zu einer „hybriden Konstellation" zusammengefügt sein, damit ein so komplexes Geschehen, wie etwa das Fliegen eines modernen Flugzeuges, überhaupt zustande kommen kann.

Der Ansatz des „verteilten Handelns" stellt eine weitere wesentliche Inspirationsquelle für die Konstellationsanalyse dar, da er den relationalen Charakter der Untersuchungsgegenstände zum Ausgangspunkt hat und sich die Frage stellt, wie ein koordiniertes Zusammenspiel von höchst heterogenen Elementen überhaupt sicher gestellt und laufend reproduziert werden kann. Der wesentliche Unterschied ist, dass die Konstellationsanalyse nicht von Handlungen oder Handlungsströmen ausgeht, sondern mit weit schlichteren, bewusst nicht weiter qualifizierten Elementen arbeitet und nur von einer Art Zusammenspiel sowohl zwischen den Einzelbestandteilen wie auch zwischen Mikro- und Makroebene ausgeht. Damit ist die Konstellationsanalyse sicherlich sehr viel weniger ambitioniert, aber eben auch breiter anschlussfähig. Daran wird noch einmal der Charakter der Konstellationsanalyse als Brückenkonzept deutlich.

Doch wie sieht das Verhältnis von Mikro- und Makroebene für die spezifischen Anforderungen eines Brückenkonzeptes aus? Wenn also Vorfestlegungen der relevanten Einzelbestandteile ebenso vermieden werden sollen wie gegenstandsunabhängige, allgemeintheoretische Setzungen der übergreifend wirkenden Ordnungsprinzipien und Funktionsmechanismen für das Ganze? Darauf gibt die Konstellationsanalyse die folgende Antwort: Sie setzt – unter Berücksichtigung der in Kapitel 2.2 beschriebenen Spielregeln und in einem schrittweisen Prozess – die Betrachtung aus der Mikro- und der Makro-Ebene zueinander in Beziehung:
- Wenn die Elemente in einem ersten Schritt quasi ‚von unten' zueinander in Beziehung gesetzt werden (durch räumliche Nähe oder durch die explizite Markierung

---

13 Die Frage einer „Agency" (deutsch: Handlungsträgerschaft) von Technik ist derjenigen nach der „Verteilung" von Aktivitäten auf unterschiedliche Instanzen verwandt und wird besonders in der Soziologie heiß diskutiert; vgl. die Beiträge in Rammert & Schulz-Schaeffer 2002. In den bisherigen Anwendungsbeispielen der Konstellationsanalyse ist diese Thematik noch nicht aufgetaucht, aber wir wollen nicht ausschließen, dass gerade mit einem grafisch gestützten Verfahren das Mit-Handeln der Technik sichtbar gemacht werden könnte – entweder als Leerstelle in humanzentrierten Darstellungen oder als Visualisierung von verteilten Handlungszusammenhängen.

von Relationstypen; vgl. Kapitel 2.3.1), so kennzeichnet dies ihre Positionierung auf der Mikro-Ebene.
- Das so entstehende Bild ist im zweiten Schritt die Grundlage für einen ersten Versuch der Interpretation von Makro-Zusammenhängen (Funktionsprinzipien und Charakteristika), in deren Lichte dann eine Einordnung der vorliegenden Elemente nach Maßgabe des Blickes ‚von oben' erfolgt. Dieser Schritt führt, wenn er erfolgreich ist, zu einer Zuspitzung des Bildes und kann auch zur Einbeziehung neuer, bislang nicht berücksichtigter Elemente führen, weil ihre Relevanz erst aus der Perspektive der übergreifenden Logik des Ganzen sichtbar wird.

Erst nach der Abfolge beider Teilschritte ist das Stadium einer ersten Kartierung der Konstellation erreicht und wird entsprechend festgehalten. Wenn wir bei der Schilderung der konkreten Beispiele von Kartierungen einer Konstellation sprechen, so sind immer solche Zwischenprodukte oder Standbilder[14] im interdisziplinären Forschungsprozess gemeint. Auf der Basis dieses Zwischenergebnisses beginnt dann der nächste Durchlauf (siehe Abbildung 17).

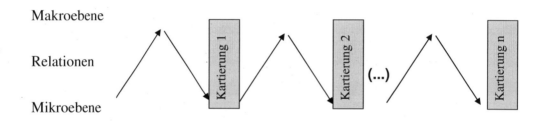

Abbildung 17: Iteratives Vorgehen der Konstellationsanalyse

Dieses iterative Vorgehen operationalisiert die relationalistische Philosophie der Konstellationsanalyse. Wenn bei jedem Schritt mit der Ebene der Einzelelemente und Einzelrelationen begonnen wird, so soll das auch sicherstellen, dass den Einzelelementen ein Mindestmaß an ‚Eigenständigkeit' zugemessen wird. Zudem ist es eine Stärke der Konstellationsanalyse, dass sie in der Kartierung die unterschiedlichen Ebenen sichtbar nebeneinander stellt und damit Fragen über die Zusammenhänge aufwirft, mögliche Lücken aufzeigt oder für Erklärungsprobleme sensibilisiert. Auf diese Weise wird die Expertise der beteiligten Forscherinnen und Forscher gebündelt und die Bildung von Hypothesen über das Wechselverhältnis zwischen Mikro- und Makroebene in der spezifischen Konstellation angeregt. Diese auf den jeweiligen Gegenstand bezogene Herangehensweise fokussiert auf die Erklärung der beteiligten For-

---

14 Die Abfolge der Kartierungen als Standbilder stellt also nicht die Dynamik eines untersuchten Gegenstandes dar, sondern die Abfolge von Interpretationsschritten bei der Untersuchung.

scher(innen), die für eine vertiefende Forschung und, wo möglich, für eine empirische Überprüfung fruchtbar gemacht werden kann (vgl. zu dieser Frage Kapitel 5).

3.3 Die methodische Basis: die Nutzung der visuellen Sprache

Die skizzierten Ansätze der neueren Wissenschafts- und Technikforschung sind nicht nur wichtige Quellen der Inspiration und Verortung der Konstellationsanalyse. Wir haben zudem am entscheidenden methodischen Punkt auch auf Ergebnisse der STS zurückgegriffen.

Das wichtigste methodische Charakteristikum der Konstellationsanalyse ist die gemeinsame Kartierung durch alle Beteiligten, also die Nutzung einer Visualisierungstechnik. Das mag zunächst gar nicht so ungewöhnlich erscheinen, denn visuelle Darstellungen sind in nahezu allen Wissenschaften verbreitet. Ihr Zweck ist aber – zumindest in den Sozialwissenschaften – fast ausschließlich die Illustration, das heißt sie dienen einer nachträglichen, im Idealfall besonders übersichtlichen Darstellung der in geschriebenem Text oder mündlicher Rede entwickelten Zusammenhänge. Die Konstellationsanalyse dreht dieses Verhältnis um, da sie in der alleinigen Benutzung des Mediums der geschriebenen oder gesprochenen Sprache kein hinreichendes Potenzial sieht, die Basis für eine systematische disziplinübergreifende Verständigung zu bilden. Worte und Begriffe werden in wissenschaftlichen Zusammenhängen je nach Disziplin unterschiedlich verstanden, und zwar besonders dann, wenn sie theoretisch geprägt sind. Diese Beschränkung sucht die Konstellationsanalyse durch Kombination mit anderen Verständigungsmedien zu kompensieren.

Eine Kandidatin für ein geeignetes alternatives Verständigungsmedium ist eine möglichst theoriefreie Sprache, auf die sich alle am Analyseprozess Beteiligten verpflichten. Darunter wird zumeist die Alltagssprache verstanden, also der Bereich vorwissenschaftlicher Wortbedeutungen und Wortverwendungen. Ganz in diesem Sinne orientiert sich der kollektive Aushandlungsprozess, der Bestandteil jeder Konstellationsanalyse ist, an der Maxime, die identifizierten relevanten Elemente und die festgelegten wesentlichen Zusammenhänge in der analysierten Konstellation in einer möglichst einfachen Sprache zu beschreiben (vgl. Kapitel 2.1). Dabei sind wir allerdings nicht naiv. Durch eine solche Maxime kann lediglich gewährleistet werden, dass sich die Wahrscheinlichkeit wechselseitig produktiver Anschlüsse erhöht. Denn auch die Alltagssprache ist tückisch. Gerade grundlegende Worte wie ‚natürlicher Zusammenhang', ‚soziales Interesse' oder ‚Rückkopplungsschleife' lassen sich – wie alltagssprachlich sie auch immer daherkommen – in modernen Gesellschaften nicht von sedimentiertem wissenschaftlichem Wissen und damit von disziplinär unterschiedlichen Verwendungsweisen isolieren.[15] Und mehr noch, alltagssprachliche Formulierungen

---

15 Aus diesem Grund haben wir auch die häufig in interdisziplinären Projekten verwendete Vorgehensweise, am Beginn gemeinsam ein Glossar der wichtigsten Begrifflichkeiten zu erstellen, nicht in den Kanon der Regeln aufge-

sind wenig standardisiert und damit in gewissem Sinne flüchtig, was sich besonders bei der Fixierung gemeinsam erarbeiteter Ergebnisse und Interpretationslinien zeigt: Alltagssprachliche Worte lassen sich immer wieder anders verstehen und leisten gerade nicht die für die Ergebnisproduktion notwendige Zuspitzung der Interpretationsmöglichkeiten. Wenn das alles so ist, dann ist die Losung ‚keep it simple' zwar ein guter Ratschlag, doch es ist auch beträchtliche Skepsis gegenüber der Leistungsfähigkeit der gesprochenen und geschriebenen Sprache als Medium für interdisziplinäre Verständigung angezeigt. Das legt die Suche nach Alternativen nahe. Und tatsächlich gibt es neben der gesprochenen und geschriebenen Sprache eine weitere Kandidatin für diese Verständigungsleistung.

Es handelt sich um die Welt der grafischen Darstellungen, die zu der Sprache komplementären Verständigungs- und Zuspitzungsleistungen in der Lage ist. Grafische Darstellungen haben, speziell in den Ingenieurwissenschaften, keineswegs nur illustrativen Charakter, sondern sind Bestandteil einer reichhaltigen visuellen Kultur. Sie bilden eine eigenständige Vorstellungs-, Gestaltungs- und Verständigungswelt und werden daher häufig als ein eigenständiges Medium neben der gesprochenen oder geschriebenen Sprache und den Formalismen[16] bezeichnet. Heymann & Wengenroth haben das visuelle Denken als historische Grundlage der Ingenieurwissenschaften beschrieben, eine Grundlage, die weitgehend implizit bleibt und daher neben der großen Produktivität der Ingenieurskunst auch beharrende Tendenzen zu erklären vermag (Heymann & Wengenroth 2001). Demgegenüber kommt sowohl der gesprochenen oder geschriebenen wie der numerischen Sprache ein wesentlich geringeres Gewicht zu. Und auch der Klassiker der Untersuchung der visuellen Kultur der Ingenieure, Ferguson, führt diese Kultur darauf zurück, dass „[…] viele von uns ohne weiteres Nachdenken auf unsere nichtverbalen Fähigkeiten, in Bildern von realen Zusammenhängen zu denken, zurückgreifen können"[17] (1992, S. 41). Grafische Darstellungen sind demnach die ‚lingua franca' des Ingenieurswesens. Das Vokabular der grafischen Symbole und die Art der Darstellung des Gesamtzusammenhangs eines technischen Gegenstands („seine Form, seine Proportionen und die Relationen zwischen seinen Elementen", ebenda) können von allen Ingenieurinnen und Ingenieuren ohne den

---

nommen. Denn bei diesem Vorgehen besteht die Gefahr von unabschließbaren Debatten und einem Gefühl tief greifender Differenzen im Grundsätzlichen, bevor die gemeinsame Strukturierungsarbeit überhaupt begonnen wurde.

16 Die Bedeutsamkeit der Verständigung im Medium der Formalismen (Formeln und Algorithmen) ist in einigen Studien der STS (etwa Galison 1997 und 2004) ebenfalls herausgearbeitet worden. Wir sehen jedoch zumindest zum gegenwärtigen Zeitpunkt keine Möglichkeit, formalisierte oder quantitative Verfahren (z.B. die formale Netzwerkanalyse oder Simulationen) für eine der grafischen Kartierung analoge Verständigungsleistung einzusetzen. Wir vermuten vielmehr, dass solcherart automatisiert erstellte Karten die Offenheit der Diskussion und die Gleichberechtigung aller beteiligten Perspektiven unterminieren würde.

17 Zitate aus englischsprachigen Publikationen sind von uns ins Deutsche übertragen worden, um zur besseren Lesbarkeit beizutragen.

Umweg über die gesprochene oder geschriebene Sprache gelesen werden und erlauben so die kollektive Weiterentwicklung.

Die Konstellationsanalyse nutzt diesen Befund und wendet ihn pragmatisch auf das Problem disziplinübergreifender Verständigung an. Dabei werden die Schwächen der Wissenschafts- und Alltagssprache für disziplinübergreifende Zusammenhänge durch Kombination mit der grafischen Sprache überwunden. Der wesentliche Unterschied zur skizzierten visuellen Kultur der Ingenieurwissenschaften ist allerdings offensichtlich: Während jene auf über die Jahrhunderte entwickelte Standards setzen und daher weitgehend implizit bleiben kann, unterstützt die Konstellationsanalyse einen offenen und reflexiven Aushandlungs- und Einigungsprozess. Daher ist zum Beispiel die Benennung der grafischen Elemente nicht standardisiert wie die Zeichnungen in den Ingenieurwissenschaften, sondern erfolgt in einer Mischung aus Wissenschafts- und Alltagssprache. Die grafische Darstellung dient in der Konstellationsanalyse dazu, einer vollständigen Verflüssigung in die Vielfalt der disziplinären Perspektiven vorzubeugen und somit dem Prozess ein gewisses – freilich immer nur vorläufiges – Gerüst zu verleihen. Die Festigkeit dieses Gerüstes lässt sich an einer Reihe von Eigenschaften des visuellen Denkens verdeutlichen, die vor allem in Studien interaktionistischer Herkunft (besonders bei Henderson 1998) herausgearbeitet wurden.

Individuelle Vorstellung und Interaktionswerkzeug zugleich

Ferguson (1992), selbst ein Ingenieur, führt die Möglichkeit der Nutzung grafischer Darstellungen letztlich auf die kognitive Grundausstattung von Menschen zurück. Die visuelle Vorstellungskraft ist ihm zufolge in einem eigenständigen „Organ", dem „mind's eye", situiert, das es uns erlaubt, uns die Welt individuell als einen geordneten Sinnzusammenhang vorzustellen – eben als eine Grafik. Ein in der Literatur häufig beschriebenes Standardbeispiel zeigt allerdings, dass diese Begründung zumindest sehr einseitig ist. Dieses Standardbeispiel beschreibt eine Ingenieurin, die zu einem Meeting kommt und nach einiger Zeit der Diskussion entweder sagt: „Eine Sekunde, wir kommen erst weiter, wenn ich meine Entwurfsskizze geholt habe", oder aber: „Wir kommen nur weiter, wenn wir nach nebenan ans Zeichenbrett gehen". Diese typische Sequenz wird, egal ob sie im Architekturbüro oder in der Entwurfssitzung von Entwicklerin, CAD-Experten und Management in einem großen Maschinenbaubetrieb spielt, immer als ein Beleg dafür interpretiert, dass grafische Darstellungen zugleich für die individuelle Vorstellungskraft wie die Zusammenarbeit notwendig sind.[18] Sie

---

18 Zu dieser Standardgeschichte gehört typischerweise auch die Schilderung des negativen Falles, etwa wenn beschrieben wird wie die Fähigkeit der Ingenieure, das Aussehen und die Funktionsweise eines komplexen Gerätes in einer ‚quick and dirty'-Variante an die Tafel zu malen oder anhand eines Entwurfsschemas zu erläutern, durch die Einführung von übertrieben formalisierten Entwurfsmethoden (insbesondere durch Standardsoftware) verkümmert. Dann sind disziplin- und bereichsübergreifende Verständigungsprozesse letztlich doch wieder auf das gesprochene oder geschriebene Wort angewiesen – und funktionieren deshalb nicht.

ermöglichen, in den Worten Hendersons, gleichursprünglich „individuelles Denken und interaktive Kommunikation" (ebenda, S. 27). Sie sind, anders gesagt, immer auch ein „Werkzeug für kollektives Denken" (ebenda) und für die „Ko-Konstruktion von Wissen" (ebenda, S. 105).

Erkennen des Wesentlichen bei Aufrechterhaltung der Differenz

Grafische Darstellungen erlauben in der Welt der Ingenieurwissenschaften den zur Diskussion stehenden Zusammenhang in seiner Gänze auf einen Blick zu erfassen. Henderson spricht hier von der Eigenschaft, den Zusammenhang (etwa den Aufbau einer komplexen Maschine) in einer Art „Totalität" zu erkennen. So lassen sich etwa grundlegende Designfragen unmittelbar bestimmten Schulen zuordnen und entsprechend diskutieren. Zugleich erzwingen solche grafischen Darstellungen die Berücksichtigung und den plausiblen Einbau aller wichtigen Elemente und Funktionsprinzipien – sozusagen eine „optische Konsistenz" (ebenda, S. 33). Da es sich aber nur um eine grafische Repräsentation handelt (ein ‚Bild' und oft nur eine inoffizielle Skizze), können alle Beteiligten dennoch ihre je eigenen disziplinären Inhalte wiedererkennen. Ihre eigenen Interpretationen und nicht zuletzt Begrifflichkeiten bleiben intakt. Grafische Darstellungen haben also die Eigenschaft, „schwach strukturiert in der gemeinsamen, aber stark strukturiert in der individuellen Verwendung" (ebenda, S. 78) zu sein. Und genau diese Eigenschaft macht sie zum geeigneten Mittel für die Konstellationsanalyse.

Der Wechsel der Register

Beides, die Ermöglichung von kollektivem Denken und die „optische Konsistenz" bei Aufrechterhaltung von Differenz, wird, so Hendersons Interpretation, dadurch möglich, dass die visuelle Kultur der Ingenieurwissenschaften „multilingual" (ebenda, S. 200) ist. Das heißt, in der visuellen Sprache ist ein „Code switch" (ebenda, S. 187) möglich. Je nach Arbeits- und Aushandlungssituation können die zur Diskussion stehenden Zusammenhänge entweder in einer schnellen Skizze, einem einfachen Schema, einem komplexen Schema der Wechselwirkungen zwischen den Bestandteilen oder in einer voll ausgearbeiteten Repräsentation der Realität dargestellt werden. Und mehr noch, diese unterschiedlichen Darstellungsformen sind bis zu einem gewissen Grad auch ineinander übersetzbar, was es bei Interpretationskonflikten oder der häufig ja nicht intendierten Verletzung von disziplinärer Integrität möglich macht, auf eine andere Ausarbeitungsebene zu springen, um den Verständigungsprozess zumindest am Laufen zu halten.

Die Konstellationsanalyse macht sich diese Eigenschaft visuellen Denkens in mehrfacher Weise zunutze. Als Werkzeug für kollektives Denken zielt sie, analog zu den Skizzen der Ingenieure, von der ersten Kartierung an auf den Versuch, das Wesentliche an einer Konstellation auf eine strukturierte Weise diskutierbar und weiterentwicklungsfähig zu machen. Zudem macht sie – trotz hohem Strukturiertheitsgrad – den flexiblen Umgang mit verschiedenen Iterationsstufen der Entfaltung und Verfeinerung der Konstellationsbeschreibung nachgerade zum ersten Punkt ihrer Betriebsanleitung. Es ist immer möglich und auch notwendig, beim Auftauchen neuer Problemaspekte oder disziplinärer Perspektiven wieder in eine andere Darstellungsform zu wechseln, etwa die Skizze eines neu zu erprobenden Funktionsprinzips. Die Zoom-Technik, also die detailliertere Darstellung eines Ausschnittes aus der Gesamtkonstellation, hat zumindest das Potenzial, eine wesentlich detailliertere und insofern auch ‚realistischere' Abbildung von Einzelaspekten anzuleiten. Für die Konstellationsanalyse als Ganzes ist der Wechsel zwischen Grafik und Sprache der entscheidende Punkt.

Abschließend kommen wir noch einmal auf die stärkere Strukturiertheit oder Festigkeit von grafischen Darstellungen gegenüber der gesprochenen und geschriebenen Sprache zurück. Diese Festigkeit scheint damit zusammen zu hängen, dass grafisches Denken „nicht nur eine kognitive Aktivität ist, sondern auch eine physische" (ebenda, S. 205), wie die zahlreichen Beispiele des Zeichnens auf einem materiellen Untergrund (Tafeln, Zeichenbretter) zeigen. Zudem weist auch die grafische Fixierung eines Zusammenhanges zumindest insofern einen materiellen Aspekt auf, als sie dem individuellen wie kollektiven Denken einen stärkeren Widerstand entgegen setzt als gesprochene Sprache und damit Verständigungsergebnisse gleichsam erdet. Grafisches Denken ist eine „verteilte Aktivität" (Hutchins 1996); es ist ein Verständigungs- und Darstellungsmittel, das sich selbst heterogener Bestandteile bedient.

An dieser Stelle laufen nun also die konzeptionellen Schwerpunktsetzungen und die Methodik der Konstellationsanalyse zusammen. Indem wir ein in den Ingenieurwissenschaften verbreitetes Darstellungs- und Verständigungsmedium in einen eher sozial- und geisteswissenschaftlichen Zusammenhang einführen, hoffen wir zudem, durch die Kombination von Sprache und Grafik einen begehbaren Steg über den Graben zwischen den beiden Wissenschaftskulturen zu legen.

4 Anwendungsbereiche der Konstellationsanalyse

In Kapitel 2 ist das methodische Verfahren der Konstellationsanalyse mit seinen grundlegenden Begriffen, Spielregeln und Arbeitsschritten dargelegt worden. In Kapitel 3 wurden der Status der Konstellationsanalyse als Brückenkonzept für die problemorientierte Forschung und ihre Verortung in aktuellen wissenschaftlichen Debatten herausgearbeitet. In diesem Kapitel wird nun die Anwendung der Konstellationsanalyse an Hand von vier Beispielen vorgestellt und exemplarisch gezeigt, welche Arten von Fragestellungen und Untersuchungsgegenständen sich mit ihr bearbeiten lassen.

Die Analyse von Konstellationen und die Bearbeitung damit verbundener Problemstellungen ist eine komplexe Aufgabe. Die Komplexität liegt zum einen darin, dass es keine einfache Erklärung für das Ordnungsmuster heterogener Elemente und ihrer Relationen gibt. Zum anderen gibt es eine Vielzahl sehr unterschiedlicher Perspektiven auf das Problem und ebenso viele verschiedene Expertisen für die Problemlösung, die jeweils für sich berechtigt sind (vgl. Funtowicz & Ravetz 1993 und 2001). Für die Strukturierung einer Konstellationsanalyse empfiehlt es sich, die Analyse entweder auf die Rekonstruktion eines Ordnungsmusters oder auf die Darstellung und Systematisierung der Perspektivenvielfalt zu fokussieren, um einen roten Faden verfolgen zu können. Der jeweils andere Aspekt wird dabei nicht ausgeblendet, sondern eher implizit mitbearbeitet. Im Mittelpunkt der Arbeit steht also entweder, von den Elementen und ihren Relationen ausgehend die Ordnung einer Konstellation, allen heterogenen Bestandteilen zum Trotz, verständlich zu machen. Oder es geht darum, vielfältige Perspektiven zu strukturieren – allerdings ohne diese Vielfalt vorschnell zu reduzieren, um der Heterogenität, den dynamischen Faktoren und der Vielgestaltigkeit der jeweiligen Konstellation gerecht werden zu können. Die nachfolgenden Fallbeispiele sind diesen beiden Herangehensweisen entsprechend ausgewählt: Zwei Beispiele widmen sich der Analyse von Ordnungsmustern und zwei der Strukturierung von Perspektivenvielfalt.

Wie ein *Ordnungsmuster* einer Konstellation identifiziert und erklärt werden kann, lässt sich je nach Fragestellung und Untersuchungszweck weiter differenzieren. Mögliche gewünschte Ordnungen sind Gegenstand in Kapitel 4.1, in dem es um die Entwicklung von Strategien geht, also um gezielte Veränderungen einer bestehenden Situation oder Konstellation, um ein bestimmtes Ziel zu erreichen. Konkreter Untersuchungsgegenstand ist die Wiederverwendung gebrauchter Computer im Rahmen des ReUse-Projektes, das bereits in Kapitel 2 vorgestellt wurde. Es geht um die Frage, welche Möglichkeiten einer strategischen Stabilisierung des gesamten Wiederverwendungsnetzwerkes denkbar und auch realistisch sind, wenn das Forschungsprojekt als zentraler Akteur des Netzwerkes wegfällt. Die Kartierung der bestehenden Konstellation dient der Identifikation von realistischen Ansatzpunkten für Strategien und als

Startpunkt für ein hypothetisches, aber systematisches Durchspielen der Konsequenzen, die strategische Veränderungen haben würden.

In Kapitel 4.2 wird ein anderer Aspekt von Ordnungsmustern zum Thema: die Rekonstruktion von Ordnung in der Zeit, um Einsatz und Wirkungen von Steuerung in einer Konstellation erfassen zu können. Der Gegenstand ist die wechselvolle Geschichte der Windenergie in Deutschland, in deren Verlauf sich die zentralen Akteure und ihre Interessen, das institutionelle Gefüge, die Kontextbedingungen und Steuerungsinterventionen gewandelt haben. Es werden der Veränderungsprozess dieser Konstellation dargestellt, Stabilitäts- und Umbruchphasen identifiziert und die wechselseitige Beeinflussung unterschiedlicher Elemente und Bereiche analysiert. Auf dieser Grundlage wird dann untersucht, ob und wie die Entwicklung der Konstellation gesteuert werden konnte. Staatliche Interventionen werden auf ihre Wirkung und Nebenfolgen für die Konstellation betrachtet.

Es folgen zwei Anwendungsbeispiele, in denen gezeigt wird, wie mittels der Konstellationsanalyse *Perspektivenvielfalt* dargestellt und strukturiert werden kann. Kapitel 4.3 setzt sich mit der Frage auseinander, wie voneinander abweichende und zugleich legitime Sichtweisen so dargestellt werden können, dass Unterschiede sichtbar und für möglichst viele beteiligte Akteure nachvollziehbar werden. Dadurch können Verständigungs- und Aushandlungsprozesse für gemeinsame Lösungen unterstützt werden. Am Beispiel des Hochwasserschutzes in der Region der Mulde-Mündung werden der Problemdefinition und der Problemlösung vorgelagerte Bewertungsprozesse untersucht. Dort gehen die Ansichten darüber, wie Hochwasserschutz realisiert werden sollte, scheinbar weit auseinander, was potenzielle Lösungswege möglicherweise blockiert.

Der zweite Anwendungsfall zur Perspektivenvielfalt, dargestellt in Kapitel 4.4, wechselt auf die Meta-Ebene. Es geht um die Integration von empirisch-analytischen Teilergebnissen in interdisziplinären Forschungsprojekten. Anwendungsbeispiel ist der Forschungsverbund „Blockierter Wandel?", in dem gefragt wird, ob und wie dichotome Denk- und Handlungsmuster in der Region Mulde-Mündung eine nachhaltige Regionalentwicklung blockieren. Mit Hilfe der Konstellationsanalyse werden unterschiedliche (disziplinäre) Teilergebnisse, die in der Bearbeitung verschiedener Untersuchungsgegenstände in der Region gewonnen wurden, auf der übergeordneten Ebene des Forschungsverbunds zusammengeführt. Mit Hilfe der Konstellationsanalyse werden Gemeinsamkeiten der Teilstudien herausgearbeitet.

Mit diesen vier Anwendungsbeispielen möchten wir den Leserinnen und Lesern eine praxisorientierte Anleitung zur Durchführung der Konstellationsanalyse geben, die über die in Kapitel 2 dargestellte grundlegende Vorgehensweise in einer jeweils spezifischen Art und Weise hinausgeht. Die Beispiele stammen, mit Ausnahme der Strategieentwicklung in Kapitel 4.1, aus Forschungsvorhaben, in denen mit der Konstellationsanalyse gearbeitet wurde. Da das Ergebnis jeder einzelnen Konstellationsanalyse sowohl von der Fragestellung als auch von den beteiligten Expertisen geprägt ist, wird in den Beispielen jeweils die Fragestellung dargelegt und in einem Kasten über den Projekthintergrund und das Konstellationsanalyse-Team informiert. Nach dieser Einführung werden im Wechsel zwischen allgemeiner und projektspezifischer Ebene die einzelnen Arbeitsschritte und die darin angelegten Fragestellungen erläutert. So wird das Vorgehen auf andere Fragestellungen in einem vergleichbaren Anwendungsbereich übertragbar. Zum Abschluss ziehen wir in Kapitel 4.5 ein Fazit und diskutieren das mögliche Anwendungsspektrum für die Konstellationsanalyse.

4.1 Strategien entwickeln

Strategieentwicklungen sind konzeptionelle Wege zur Veränderung gegebener Situationen in gewünschte Richtungen. In modernen Gesellschaften sind sie sowohl für Organisationen als auch für Einzelakteure alltäglich. Sie erfolgen intuitiv oder systematisch. Insbesondere die unternehmensbezogene Literatur stellt zahlreiche Techniken und Methoden zur Entwicklung erfolgreicher Strategien vor. Dass auch die Konstellationsanalyse ein für die Strategieentwicklung geeignetes Instrument ist, soll in diesem Kapitel gezeigt werden.

In der strategischen Praxis besteht das grundlegende Problem darin, die Menge und die Vielfalt der beteiligten Akteure, Rahmenbedingungen, Techniken et cetera in den Blick zu bekommen, um aller Heterogenität zum Trotz ein Ordnungsmuster und dessen stabilisierende Funktion in der Konstellation zu erkennen. Dies ist Voraussetzung, um die Flut an Informationen und Wissen verdichten und Ansatzpunkte für strategische Veränderungen identifizieren zu können. In der Übersetzung auf eine wissenschaftliche Problemebene stellt sich die Herausforderung für die inter- und transdisziplinäre Forschung sehr ähnlich dar: Konstellationen sind ein vielfältiges Beziehungsgeflecht aus heterogenen Elementen. Soziale Akteure treten einzeln oder in Allianzen auf und werden von gesetzlichen Vorschriften, Konzepten und Ideologien gerahmt. Sie treffen auf technische Elemente, die manchmal ein erstaunliches Eigenleben entwickeln und basieren immer auch auf natürlichen Ressourcen. Die sozialen Akteure – denn nur sie sind zur Strategieentwicklung fähig – müssen sich auf diese schillernde, teilweise zerklüftete Welt einstellen. Dabei sind sie in Konstellationen mit weiteren sozialen Akteuren mit teilweise sehr verschiedenen Interessen konfrontiert, mit denen sie in Konkurrenz stehen oder auch an einem Strang ziehen. All das erschwert die Strategieentwicklung.

Die Strategieentwicklung mit der Konstellationsanalyse basiert, wie in Kapitel 2 gezeigt, auf einer umfassenden inter- und/oder transdisziplinären Analyse der Konstellation. Mit dieser gemeinsam getragenen Beschreibung und Problemdefinition ist bereits eine wichtige Erfolgsbedingung für die Strategieentwicklung erfüllt. In diesem Kapitel werden die Arbeitsschritte dargestellt, die das Konstellationsanalyse-Team darüber hinaus auf dem Weg zur Strategieentwicklung absolvieren muss. Am Beispiel des ReUse-Projekts, das schon der Illustration der grundlegenden Arbeitsschritte der Konstellationsanalyse in Kapitel 2 diente, zeigen wir, wie die Konstellationsanalyse für die Strategieentwicklung in komplexen Konstellationen fruchtbar gemacht werden kann. Dabei werden folgende Fragen beantwortet:

- Welche analytischen Schritte sind Voraussetzung für eine systematische Strategieentwicklung?
- Wie identifiziert man systematisch Ansatzpunkte für die Strategieentwicklung?
- Wie können die unterschiedlichen Ansatzpunkte zu einer Strategie gebündelt werden?

Das konkrete Problem des ReUse-Projektes ist es, das ReUse-Netzwerk dauerhaft tragfähig zu machen. Dabei waren bereits im Forschungsauftrag des ReUse-Projekts zwei potenzielle strategische Ansatzpunkte benannt worden: Ein Netzwerk aufbauen und Produktentwicklung betreiben.

Soziale Netzwerke sind komplexe Gebilde, in denen unterschiedliche Akteure mit teilweise sehr verschiedenen Interessen aufeinander treffen, ohne in eine hierarchische Form der Arbeitsteilung eingebunden zu sein. Daher ist dauerhafte Kooperation schwieriger zu erreichen, zu planen und zu kontrollieren – die Beteiligten kooperieren und konkurrieren zugleich miteinander. Genau das macht nach Meinung der Ökonomen und Netzwerkforscher die Flexibilitätsvorteile von vernetzter Zusammenarbeit aus. Dieser Unterschied zur klassischen Form von Organisation besteht auch dann, wenn eine Partnerin oder ein Partner im Netzwerk ein deutliches Übergewicht an Macht und Einfluss hat. Auch in solchen strategischen Netzwerken lassen sich die übrigen Partnerinnen und Partner nicht per bürokratischer Regel oder Entscheid einer Leitung zu irgendetwas bewegen.[19]

Das gilt auch für das ReUse-Netzwerk, in dem sich Unternehmen und ein Forschungsprojekt in der Erwartung sozialer und ökonomischer Gewinne über den Tag hinaus zusammengeschlossen haben. Sie arbeiten zusammen, obwohl sie zugleich Konkurrenten sind. Sie verfolgen im und mit dem Netz unterschiedlichste Ziele. Das macht die Strategieentwicklung nicht gerade einfacher: Wie können die Ressourcen der einzelnen Akteure für gemeinsame Ziele gebündelt werden? Wie findet man heraus, wen man einbinden muss, um als Netzwerk effizient zu arbeiten und stabil zu werden? Wie können dabei auch die konkurrierenden Interessen und Ansichten der Mitglieder als Quelle für Innovationen und zur Steigerung der Wettbewerbsfähigkeit genutzt werden, um einer Erstarrung des Netzwerkes vorzubeugen? Wie entwickelt man tragfähige Strategien, die auch tatsächlich an den Kernpunkten der Netzwerkbildung ansetzen und die verfügbaren Kompetenzen zielgerichtet einsetzen?

In diesem konkreten Anwendungsbeispiel bestand das Konstellationsanalyse-Team, das die Strategieentwicklung bearbeitete, aus dem Projektleiter des ReUse-Projekts (Volkswirt) sowie aus fünf Wissenschaftlerinnen und Wissenschaftlern (Soziologie, Politologie, Planungswissenschaften), die nicht dem ReUse-Projekt angehör-

---

19 Diese Sichtweise von sozialen Netzwerken ist klassisch bei Powell 1990 formuliert. Vgl. zur Konzeption der „strategischen Netzwerke" den Sammelband Sydow & Windeler 2000 sowie zur Koordination von Netzen über Vertrauen Ellrich et al. 2001.

ten. So wurde die projektinterne Expertise mit externen fachwissenschaftlichen Perspektiven kombiniert und möglicherweise betriebsblinde Insider-Kenntnisse mit unvoreingenommenen Blicken konfrontiert.

4.1.1 Formulierung des Strategieziels und Stabilitätsanalyse

Ziel dieses Arbeitsschrittes ist es, das Ziel der Strategieentwicklung zu formulieren und die Ausgangssituation für die Strategieentwicklung zu beschreiben. Leitfragen sind:

- In welche Richtung soll sich die Konstellation als Ganzes oder in Teilen entwickeln? Wie lauten die konkreten Ziele, für die Strategien entwickelt werden sollen?
- Wie stabil ist die Konstellation: Ist sie eigendynamisch und selbsttragend? Welche Elemente stützen oder destabilisieren die Konstellation?
- Soll die Strategie an der Weiterentwicklung der eigenen Stärken (Ressourcen orientierter Ansatz) oder an der ‚Bearbeitung' destabilisierender Elemente und Relationen (Defizitansatz) ansetzen?

Strategieziel

Hier geht es darum, das Ziel der Strategieentwicklung möglichst konkret zu formulieren. ‚Große' Ziele sollten dabei auf Etappenziele heruntergebrochen und in kurz-, mittel- und langfristige Ziele unterschieden werden. Dafür muss man zunächst klären, ob man auf eine Weiterentwicklung der Konstellation als Ganzes zielt oder ob sich die gewünschten Veränderungen auf Teile der Konstellation beziehen. Das Ziel sollte – bei aller notwendigen Konkretisierung – so formuliert sein, dass bestimmte Optionen (z.B. technische oder soziale Entwicklungen) für die Strategieentwicklung nicht von vorneherein ausgeschlossen werden.

Am ReUse-Beispiel stellt sich das wie folgt dar:
Das Ziel der Strategieentwicklung im ReUse-Beispiel bezieht sich auf einen Teil der Gesamtkonstellation, nämlich auf die ReUse-Teilkonstellation. Das kurzfristige Ziel ist, die ReUse-Konstellation nach dem Ausscheiden des Forschungsprojekts als zentralen Akteur funktionsfähig zu halten. Mittelfristiges Ziel ist es, die ReUse-Teilkonstellation zu stabilisieren, also eigendynamisch und selbsttragend zu machen.

Stabilitätsanalyse

Konstellationen sind unterschiedlich stabil. Für die Strategieentwicklung ist es unerlässlich, herauszufinden, welche Elemente und Beziehungen eine Konstellation stabilisieren und welche sie gegebenenfalls destabilisieren. Diese Analyse öffnet den Blick für die unterschiedliche Notwendigkeit und Dringlichkeit strategischer Maßnahmen einerseits und unterstützt andererseits die Unterscheidung der Erfolg versprechenden von wenig aussichtsreichen strategischen Ansatzpunkten. Dafür wird die Konstellation auf fehlende oder destabilisierende Elemente und Beziehungen untersucht. Des Weiteren werden stabilisierende Elemente und Beziehungen analysiert – beispielsweise Allianzen – und untersucht, ob die Konstellation als Ganze möglicherweise stabilisierend wirkt. Diesen Arbeitsschritt hat man normalerweise bereits bei der Analyse der Veränderungsprozesse der Konstellation durchlaufen (vgl. auch Kapitel 2.3.3) und kann dann bei der Stabilitätsanalyse auf diese Ergebnisse zurückgreifen.

Im ReUse-Beispiel stellt sich das wie folgt dar:
Bei der Betrachtung der ReUse-Teilkonstellation erscheint diese als unvollständige Acht, bei der die durch den Keil gestörte Nachfrage der Nutzerinnen und Nutzer fehlt, die das System selbsttragend machen würde.

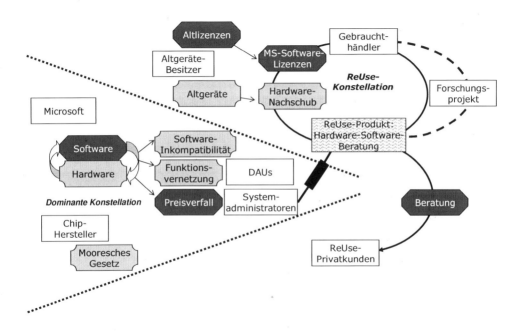

Abbildung 18: Stabilität der Konstellation „Wiederverwendung von gebrauchten Computern"

Die Systemadministratorinnen und Systemadministratoren sind ein weiteres destabilisierendes Element, indem sie die Großkundenbindung an das Produkt unterminieren. Auch das Forschungsprojekt ist ein destabilisierendes Element, da seine Laufzeit begrenzt ist, es aber gleichzeitig eine zentrale Rolle in der Konstellation einnimmt. Dagegen ist die dominante Teilkonstellation durch die monopolartige Stellung von Microsoft, die hohe technische Standardisierung und die enge Kopplung zwischen Hardware und Software außerordentlich stabil. Diese Stabilität der dominanten Teilkonstellation destabilisiert die ReUse-Teilkonstellation zusätzlich, indem sie im Kampf um die Kundinnen und Kunden einen dauerhaften strategischen Vorteil in die

Technik-Software-Kombination einzuschreiben scheint. Damit droht sie, dem ReUse-Produkt den Hard- und Software-Nachschub zu entziehen.

Ressourcen orientierte Strategie oder Defizitansatz

Hat man sich mit der Stabilitätsanalyse einen Überblick über die stabilisierenden und destabilisierenden Elemente und Beziehungen der Konstellation verschafft, sollte man sich darüber klar werden, wo man strategisch ansetzen will: an den Stärken der Konstellation oder an den destabilisierenden Elementen und Beziehungen.

Der Ressourcen orientierte Ansatz nimmt die Stärken als Ausgangspunkt für die gewünschte Weiterentwicklung der Konstellation. Stärken können beispielsweise Allianzen sozialer Akteure, besondere Technologien, besondere geografische oder klimatische Bedingungen oder günstige gesetzliche Rahmenbedingungen sein. Der Defizitansatz nimmt umgekehrt die destabilisierenden Elemente und Beziehungen, die zur Schwächung der eigenen Position führen, zum Ausgangspunkt für die gewünschte Weiterentwicklung der Konstellation und arbeitet sich an ihnen ab. Ob eine Kombination der verschiedenen Ansätze möglich und sinnvoll ist, muss im jeweiligen Einzelfall entschieden werden.

Am ReUse-Beispiel stellt sich das wie folgt dar:

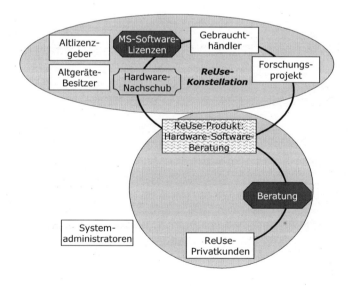

Abbildung 19: Stärken der ReUse-Teilkonstellation

In der ReUse-Konstellation wurde schnell deutlich, dass eine Auseinandersetzung mit der sehr stabilen und mächtigen dominanten Konstellation, auch aufgrund der begrenzten eigenen Kräfte, nicht Erfolg versprechend sein würde. Man konzentrierte sich daher auf die eigenen Stärken, die erstens in der Allianz der Gebraucht-PC-Händler mit dem Forschungsprojekt und den Altgeräte- und Altlizenzbesitzern und zweitens im Nutzer(innen)-spezifischen ReUse-Produkt identifiziert wurden. Diese beiden Subkonstellationen waren der Ausgangspunkt der Strategieentwicklung.

4.1.2 Identifizierung strategischer Ansatzpunkte

Für eine systematische Strategieentwicklung muss die Konstellation auch auf mögliche Ansatzpunkte hin untersucht werden. Normalerweise suchen Ökonom(inn)en nach ökonomischen, Politikwissenschaftler(innen) nach politischen und Ingenieurwissenschaftler(innen) nach technischen Ansatzpunkten – das ist auch gut und richtig. Eine Beschränkung auf die im Konstellationsanalyse-Team repräsentierten Disziplinen kann aber zu einer suboptimalen Strategieentwicklung führen. Deshalb ist es notwendig, alle heterogenen Elemente einer Konstellation – oder des Teils der Konstellation, der strategisch weiterentwickelt werden soll – systematisch durchzugehen und auf ihr strategisches Potenzial hin zu prüfen. Strategisches Potenzial hat ein Element beispielsweise, wenn es Wirkung auf andere Elemente oder Beziehungen entfalten kann und wenn es seinerseits gestaltbar oder beeinflussbar ist.

Am ReUse-Beispiel stellt sich das wie folgt dar:
Für das mittelfristige Ziel, die ReUse-Teilkonstellation eigendynamisch und selbsttragend zu machen, wurden drei Teilstrategien identifiziert.

Eine erste Teilstrategie (siehe Abbildung 20) setzt am Element Forschungsprojekt und seinen Beziehungen in der Konstellation an. Das Forschungsprojekt stellt den organisatorischen und sozialen Kern der Teilkonstellation dar, hat aber eine begrenzte Laufzeit. Wie organisiert und stabilisiert man zukünftig die sozialen Beziehungen zwischen Altgerätelieferant(inn)en, Händler(inne)n und Nutzer(inne)n in der Konstellation? Der Ansatz des ReUse-Projekts ist es, ein neues Element in die Konstellation einzuführen, das die Aufgaben des Forschungsprojekts übernimmt. Hierfür wurde ein Verein gegründet, der einen Teil der Aufgaben übernimmt und beispielsweise die Beschaffung von Altgeräten professionell organisiert.

Eine zweite Teilstrategie (siehe Abbildung 21) setzt an der fehlenden Beziehung zwischen den Systemadministratoren und dem ReUse-Produkt an.

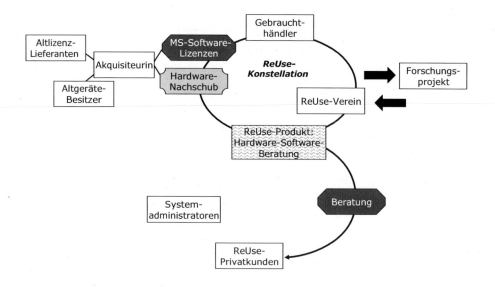

Abbildung 20: Soziale Teilstrategie der ReUse-Teilkonstellation

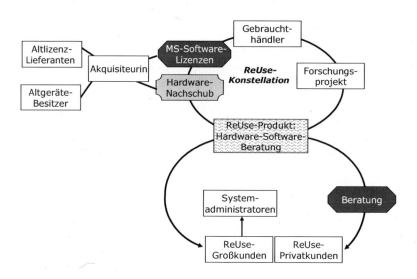

Abbildung 21: Ökonomische Teilstrategie der ReUse-Teilkonstellation

Die Systemadministratoren sind der Schlüssel zu den Großkundinnen und Großkunden. Bislang nutzt die weit überwiegende Zahl der Systemadministratoren die Produkte der dominanten Konstellation. Um Probleme von vorneherein zu vermeiden, versuchen sie, immer die neueste Software mit einer maximalen, wenn auch selten gebrauchten, Anwendungsbreite auf den schnellsten PCs mit dem größten Speicherplatz zu installieren. An der tatsächlichen Nutzung orientierte, maßgeschneiderte Lösungen erscheinen ihnen angesichts ihrer knappen zeitlichen Ressourcen als zu aufwändig. Da die Großkundinnen und Großkunden für die ReUse-Teilkonstellation jedoch eine notwendige Ergänzung des Kundenspektrums sind, um mittelfristig zu einer eigendynamischen Konstellationsentwicklung zu gelangen, setzt das ReUse-Projekt nicht weiter darauf, die Systemadministratoren von der Wiederverwendung gebrauchter Computer zu überzeugen, sondern auf die direkte Akquise von Großkundinnen und Großkunden.

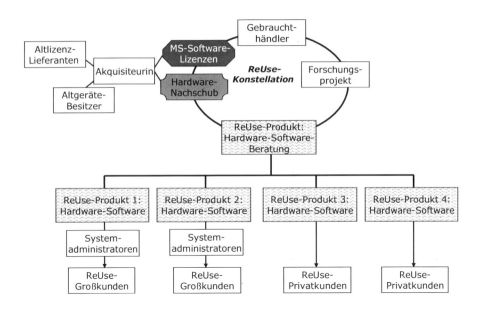

Abbildung 22: Technische Teilstrategie der ReUse-Teilkonstellation

Eine dritte Teilstrategie setzt am Element „ReUse-Produkt" an (siehe Abbildung 22). Während in der dominanten Konstellation hoch standardisierte Produkte angeboten werden, basieren die ReUse-Produkte eher auf einer Patchwork-Technik. Die Kombination von Software und Hardware speziell für jede einzelne Kundin oder Kunden ist mit hohem Aufwand verbunden. Zudem ist die zeitintensive Beratung der Kundinnen und Kunden unerlässlich, um ihnen die Unsicherheit zu nehmen. Für eine mittelfristig ökonomisch tragfähige Konstellation ist zumindest eine Teilstandardisierung der

ReUse-Produkte notwendig. Ein strategischer Ansatzpunkt ist demnach, standardisierte Hardware-Software-Kombinationen so zu schnüren, dass sie als Paketlösungen für bestimmte Nutzergruppen einerseits und als Server-Pakete für Systemadministratoren andererseits angeboten werden können. Damit könnte die aufwändige und kostenintensive Einzelfallbetreuung reduziert werden.

4.1.3 Exkurs: Szenariobildung

Auf der Basis der Konstellationsanalyse ist es möglich, unter Rückgriff auf die Szenario-Technik verschiedene künftige Entwicklungen der Konstellation gedanklich durchzuspielen und grafisch darzustellen. Ziel der Szenariobildung kann sein, (1) vor der Strategieentwicklung mögliche Umfeldveränderungen in den Blick zu nehmen und/oder (2) die potenziellen Wirkungen einzelner Strategien gedanklich zu antizipieren. Dazu greift man sich Elemente – bei Umfeldbetrachtungen vor allem auch Kontext-Elemente –, Relationen oder Subkonstellationen heraus, von denen man sich dynamische Entwicklungen erwartet, und macht sie zum Ausgangspunkt von möglichen Veränderungsprozessen. Man projiziert diese Elemente, Relationen oder Subkonstellationen in verschiedene denkbare Zukünfte und kartiert die Konstellation entsprechend der verschiedenen möglichen Entwicklungen.

Für das ReUse-Beispiel stellt sich das wie folgt dar:
Ein neues Element, das Dynamik in die Konstellation bringt, ist beispielsweise das Urteil des Bundesgerichtshofs (BGH), demzufolge die Nutzung alter Microsoft-Lizenzen erlaubt ist.

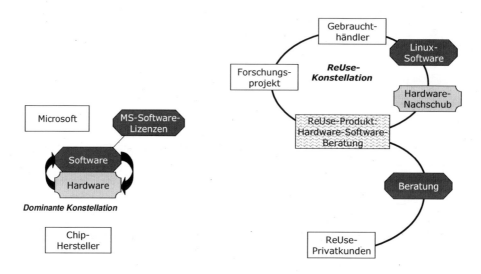

Abbildung 23: Zukunftsszenario der ReUse-Teilkonstellation

Dies könnte möglicherweise zu einer von Microsoft betriebenen weiteren Verschränkung der ohnehin eng gekoppelten Elemente Hard- und Software führen. Folge davon könnte wiederum sein, dass in der ReUse-Teilkonstellation der Anreiz oder sogar der Druck, sich Microsoft zu entziehen, steigt. Diese Entwicklung könnte durch Standardisierungsprozesse in der Linux-Welt unterstützt werden, die den Nutzerinnen und Nutzern den Wechsel aus der Microsoft-Welt in die Linux-Welt erleichtern. Diese gesamte Entwicklung eröffnet für die ReUse-Konstellation neue Perspektiven.

In Abbildung 23 wird diese Entwicklung verdeutlicht, indem in der dominanten Konstellation die Elemente Hardware, Software und Microsoft-Software-Lizenzen enger aneinander rücken. Gleichzeitig ersetzt in der ReUse-Konstellation Linux die Microsoft-Software. Dies ist *eine* mögliche Entwicklung in der Gesamtkonstellation „Wiederverwendung von gebrauchten Computern", über die Wahrscheinlichkeit dieser Entwicklung wird damit keine Aussage getroffen. Sie dient beispielhaft zur Illustration des Vorgehens. Um Szenarios methodisch einwandfrei zu entwickeln, bedarf es einer systematischen Projektion verschiedener Entwicklungsvarianten in die Zukunft (von Reibnitz 1992).

4.1.4 Strategieformulierung

Schließlich müssen die strategischen Ansatzpunkte, die man identifiziert hat, in eine abgestimmte und mit zeitlichen Prioritäten versehene Gesamtstrategie gefasst werden. Dabei ist insbesondere auf die Konsistenz der Gesamtstrategie zu achten: Gibt es Konflikte oder Widersprüche zwischen Teilstrategien?

Die Gesamtstrategie systematisch auf Inkonsistenzen zu untersuchen ist – je nach Größe und Komplexität der Konstellation – relativ aufwändig. Wir empfehlen einen ganzheitlich-intuitiven Konsistenztest: Man spielt die verschiedenen Teilstrategien gedanklich durch und hält die potenziellen Auswirkungen auf die Elemente und Beziehungen, die in den anderen Teilstrategien weiterentwickelt werden sollen, fest (das kann man auch grafisch machen, vgl. Kapitel 2.3.3). Anschließend prüft man, ob sich die Teilstrategien gegenseitig behindern oder sinnvoll ergänzen.

Am ReUse-Beispiel stellt sich das wie folgt dar:
Im ReUse-Beispiel hat man sich für eine Kombination der drei alternativen, aber sich ergänzenden Teilstrategien entschieden. Mit der Gründung des ReUse-Vereins wird die *soziale und organisatorische Stabilisierung* der ReUse-Teilkonstellation vorangetrieben. Mit der auf Wachstum im Großkundenbereich zielenden Teilstrategie wird eine mittelfristige *ökonomische Stabilisierung* in Angriff genommen. Und schließlich setzt das ReUse-Projekt mit einer Teilstandardisierung seiner Produkte auf die *Technikgestaltung* zur Stabilisierung der ReUse-Konstellation.

4.1.5 Fazit

Welche Vorteile bietet nun die Konstellationsanalyse für die Strategieentwicklung? Zentral ist: Indem man sich aus verschiedenen Perspektiven – im ReUse-Beispiel: Techniker(innen), Kaufleute, Wissenschaftler(innen) verschiedener Disziplinen – auf eine grafische Darstellung einigt, entwickelt das Konstellationsanalyse-Team eine gemeinsame Problemsicht und bringt sehr unterschiedliches Wissen und Erfahrungen für eine Problemlösung ein. Dadurch verbreitert sich die Informationsbasis und verdeckte Widersprüche und Gegensätze werden deutlich.

Eine solche detaillierte inter- und transdisziplinäre Beschreibung und Interpretation der Konstellation ermöglicht eine systematische Identifizierung strategischer Ansatzpunkte. Die Unterscheidung der verschiedenen Elemente-Typen unterstützt dabei die multiperspektivische Erschließung strategischer Ansatzpunkte: Das Element „Sozialer Akteur" veranlasst die Suche nach möglichen Allianzen und Netzwerken; technische und natürliche Elemente verweisen auf technologische und stofflich-materielle Ansatzpunkte; Zeichenelemente eröffnen konzeptionelle, politische, rechtliche und ökonomische Perspektiven.

Das hypothetische Durchspielen unterschiedlicher Ideen regt nicht nur die Phantasie für weitere Lösungen an. Mittels der Konstellationsanalyse können – in Verbindung mit der Szenario-Technik – darüber hinaus die Folgen möglicher Umfeldveränderungen für die Konstellation durchgespielt und die potenziellen Wirkungen verschiedener strategischer Impulse aus unterschiedlichen Perspektiven abgeschätzt und Schwachstellen leichter erkannt werden. Die Visualisierung zwingt auch hier zu einer Verdichtung der erweiterten Wissens- und Strategiebasis und zur Reduzierung der strategischen Ansatzpunkte auf das Wesentliche. Diese Art der Informationsverdichtung ist eine besondere Stärke der Konstellationsanalyse.

Nicht zuletzt in Netzwerken ist die gemeinsame Problemdefinition Voraussetzung für gemeinsam getragene Lösungen und Strategien. Die inter- und transdisziplinäre Bündelung der Einzelstrategien und abschließend die Formulierung einer Gesamtstrategie basieren auf einer multiperspektivisch abgewogenen Entscheidung, die vermutlich robuster ist als die jeweiligen disziplinär oder außerwissenschaftlich erarbeiteten Ansätze.

4.1.6 Tabellarische Übersicht der Arbeitsschritte und Leitfragen

Formulierung des Strategieziels und Stabilitätsanalyse	
Arbeitsschritte	**Leitfragen**
1. Ziel der Strategieentwicklung formulieren	• In welche Richtung soll sich die Konstellation als Ganze oder in Teilen entwickeln? • Wie lauten die konkreten Ziele, für die Strategien entwickelt werden sollen?
2. Stabilität der Konstellation analysieren	• Wie stabil ist die Konstellation? Ist sie eigendynamisch und selbst tragend? • Welche Elemente stützen oder destabilisieren die Konstellation?
3. Strategische Grundentscheidung treffen: Ressourcen orientierte Strategie oder Defizitansatz	• Soll die Strategie an der Weiterentwicklung der eigenen Stärken oder an der ‚Bearbeitung' destabilisierender Elemente und Relationen ansetzen?
Identifizierung strategischer Ansatzpunkte	
1. Strategisches Potenzial aller Elemente-Typen systematisch untersuchen	• Welche Elemente können auf andere Elemente oder Beziehungen einwirken? • Welche Elemente kann man – als Umsetzer(in) der Strategie – in ihrer Entwicklung oder Ausprägung beeinflussen?
2. Teilstrategien entwickeln	• Wie können die strategischen Potenziale verschiedener Elemente aktiviert werden?
Strategieformulierung	
1. Strategische Ansatzpunkte in einer Gesamtstrategie bündeln	• Wie können die Ansatzpunkte zu einer abgestimmten Gesamtstrategie gebündelt werden?
2. Gesamtstrategie auf Konsistenz prüfen	• Ist die Gesamtstrategie widerspruchsfrei?
3. Maßnahmen priorisieren	• In welcher zeitlichen Abfolge soll die Strategie umgesetzt werden?
Zusammenfassung der Ergebnisse	

4.2 Die Analyse von Steuerung in Entwicklungsprozessen

Das Spektrum der Ansichten über die Gestaltungs- und Steuerbarkeit gesellschaftlicher Prozesse ist breit: Einerseits erwartet die Gesellschaft von politischen Entscheidungsträgerinnen und Entscheidungsträgern, dass sie die gesellschaftliche und wirtschaftliche Entwicklung bewusst und wirkungsvoll steuern – ‚Politik kann steuern' lautet die dahinter stehende These. Aber die Gegenthese, dass insbesondere die Internationalisierung der Politik und die Globalisierung der Wirtschaft zu einem Verlust an staatlichem Steuerungspotenzial geführt haben, Politik also an Steuerungsfähigkeit eingebüßt hat, ist genauso verbreitet. Die Wahrheit liegt vermutlich dazwischen – aber wo? Die – beabsichtigten wie unbeabsichtigten – Folgen von Steuerung sind schwer zu messen, denn sie sind erstens in ein Beziehungsgeflecht vielfältiger weiterer Elemente eingebettet und zeigen sich zweitens womöglich erst lange Zeit später. Die wissenschaftliche Herausforderung liegt also darin, Einsatz, Wirkung und Folgen von Steuerung in heterogenen Konstellationen über die Zeit zu analysieren.

Um die wesentlichen Aspekte der Entstehung und der Wirkung von Steuerung analysieren zu können ist es erforderlich, einen ausreichend langen Zeitraum in den Blick zu nehmen. Das zentrale Problem der Analyse von Steuerung besteht somit darin, einerseits die verschiedenen Einflussfaktoren sowie ihr Zusammenwirken, andererseits ihre zeitliche Entwicklung darzustellen und zu analysieren. Dabei wird deutlich, dass das Ordnungsmuster von Konstellationen nicht starr ist, sondern dynamisch. Am Beispiel der Entwicklung der Windenergie in Deutschland (siehe Kasten) zeigen wir, wie mit der Konstellationsanalyse Einsatz und Wirkung von Steuerung in Entwicklungsprozessen untersucht werden. Die zentralen Forschungsfragen lauten:

- Was kann die Konstellationsanalyse zur Frage der Steuerung von Prozessen beitragen?
- Was sind treibende Kräfte der Entwicklung? Welche Elemente haben eine steuernde, aktivierende, fördernde Funktion? Wie stehen diese Elemente in Wechselwirkung zueinander?
- Wird der Prozess durch einen zentralen (staatlichen) Akteur geprägt oder durch ein plurales Zusammenwirken mehrerer Akteure und Elemente?
- Welche Bedeutung haben die Struktur der Konstellation, ihre Funktionsbedingungen und Kontextereignisse für die Steuerung?
- Wann wird mit welchen steuernden Interventionen in den Prozess eingegriffen? Verändert sich der Gegenstand der Steuerung im Zeitverlauf?

Ziel der Konstellationsanalyse ist es, Steuerungsprozesse zu analysieren und dabei sowohl die Wirkungen von Steuerungsaktivitäten als auch die Wirkungen anderer Einflüsse, die nicht gezielt zur Steuerung eingesetzt wurden, auf den Entwicklungsprozess aufzuzeigen.

Innovationsbiographie der Windenergie

Im Projekt „Windenergie – eine Innovationsbiographie"[20] wurde der dynamische Entwicklungsprozess der Windenergie in Deutschland im Zeitraum von 1975 bis 2005 analysiert. Ein Fokus der Untersuchung richtete sich auf die Absichten und Wirkungen von Steuerungsimpulsen in diesem Prozess. „Biographie" im Titel des Projektes steht als Metapher für die individuelle und interpretierte Geschichte der Windenergie, in der den Phasen, Brüchen und Dynamiken besondere Aufmerksamkeit gewidmet wird. Im Projekt wurde nach zentralen und treibenden Kräften des Prozesses gefragt. Es wurde davon ausgegangen, dass der Untersuchungszeitraum von 30 Jahren einer heuristischen Phaseneinteilung bedarf. Und es wurde angenommen, dass Phasenkonzepte aus der Perspektive der einzelnen Akteure und Elemente interdisziplinär entwickelt werden müssen. Die Untersuchung wurde von einem interdisziplinär zusammengesetzten Team durchgeführt, in dem Soziolog(inn)en, Planer(innen), Politolog(inn)en und ein Ingenieur beteiligt waren. Die unterschiedlichen Perspektiven der am Projekt beteiligten Disziplinen wurden mit dem Brückenkonzept der Konstellationsanalyse zusammengeführt.

Das Konstellationsanalyse-Team ging von der Hypothese aus, dass Steuerungsimpulse im Handlungsfeld Windenergie sowohl mit technischen und natürlichen als auch mit gesellschaftlichen und kulturellen Entwicklungen eng verknüpft sind. Das Team traf regelmäßig zu interdisziplinären Kolloquien zusammen. Nachdem zunächst gemeinsam eine Phasenheuristik für den Innovationsprozess entworfen wurde, kartierten und interpretierten die Forscher(innen) mit dem in Kapitel 2 erläuterten Vorgehen sowie entsprechend der nachfolgend beschriebenen Arbeitsschritte die Konstellationen zu den verschiedenen Phasen des Prozesses.

Der Begriff Steuerung wird im Folgenden im Sinne von absichtsvollem und zielgerichtetem Handeln verwendet. Dies kann zum Beispiel organisierend, unterstützend, regelnd oder informativ geschehen. Diese Form der Steuerung in Konstellationen geht in der Regel von staatlichen Institutionen eines differenzierten politisch-administrativen Mehrebenensystems (von der lokalen, nationalen bis globalen Ebene) aus. Sie wirken zum einen auf der Ebene einzelner zentraler Elemente in der Konstellation (Mikroebene), wodurch deren Verhalten, Struktur, Funktion oder Eigenschaften verändert werden. Zum anderen wirken sie auf die Gesamtkonstellation, mit dem Ziel, eine gewünschte Eigendynamik der Konstellation in Gang zu setzen (Makroebene).

---

20 Der ausführliche Titel des Projektes lautet: „Eine Innovationsbiographie der Windenergie unter besonderer Berücksichtigung der Absichten und Wirkungen von Steuerungsimpulsen." Das Projekt mit einer Laufzeit von 32 Monaten wird von der VolkswagenStiftung gefördert und startete am 1. September 2004. Das Projekt wird geleitet von Dr. Susanne Schön, Zentrum Technik und Gesellschaft, TU Berlin sowie Prof. Dr. Johann Köppel, Institut für Landschafts- und Umweltplanung, TU Berlin.

Bei der Anwendung des Steuerungsbegriffs ist jedoch zu beachten, dass Formen kollektiven Handelns als Folge der wechselseitigen Durchdringung von Politik und Gesellschaft sowie eine immer stärkere Ausdifferenzierung der Gesellschaft an Bedeutung gewinnen. Staatliches Steuerungshandeln ist nur ein sozialer Teilprozess, der mit vielen anderen Teilprozessen interferiert, die ebenfalls steuernde Wirkung entfalten. Dazu gehören zum Beispiel Verhandlungsprozesse zwischen politischen und zivilgesellschaftlichen Akteuren, organisierte Selbstregulierung (zum Beispiel bei der technischen Normsetzung) oder Marktmechanismen (Mayntz 1997). Solche Lenkungsformen werden in Abgrenzung zum Steuerungsbegriff mit dem Begriff *Governance* bezeichnet (vgl. Benz 2004; Kooiman 2003; Pierre & Peters 2000; Schuppert 2005). Der Begriff der *Governance* bezieht sich auf Strukturen von Steuerung, hebt den Unterschied zu *Government* (staatliches Regelsystem) hervor und drückt aus, dass Steuerungs- und Koordinierungsaktivitäten nicht nur vom Staat ausgehen, sondern kooperativ und in Interaktion mit Verwaltungen, der Privatwirtschaft und dem ‚Dritten Sektor' (Vereine, Verbände, Interessenvertretungen) mit dem Ziel stattfinden, Interdependenzen zwischen Akteuren zu managen. Auch diese Formen von Steuerung, Koordinierung und Interaktion sollen im Folgenden Beachtung finden.

Da die beobachtbaren Wirkungen steuernder Maßnahmen zeitlich verzögert eintreten, erfordert die Untersuchung steuernder Interventionen die Betrachtung längerer Zeiträume. Die zu untersuchenden Zeiträume werden in Phasen eingeteilt, denn – dies wird am Beispiel des untersuchten Handlungsfeldes der Windenergie deutlich – in unterschiedlichen Phasen eines Steuerungsprozesses unterscheiden sich sowohl der Steuerungsbedarf, der Gegenstand der Steuerung als auch die Formen der steuernden Eingriffe. Der Entwicklungsprozess wird daher in *Phasenkonstellationen* abgebildet: Eine Phasenkonstellation bildet die Konstellation für eine bestimmte, zeitlich abgegrenzte Phase in einem Entwicklungsprozess ab. Der Veränderungsprozess wird durch das Aneinanderreihen von einzelnen Phasenkonstellationen aufeinander folgender Zeitabschnitte verdeutlicht.

4.2.1 Von der disziplinären zur interdisziplinären Phaseneinteilung

Zur Analyse von Steuerung in Entwicklungsprozessen benötigt das Konstellationsanalyse-Team eine Heuristik für eine Ordnung der Konstellation im Zeitverlauf. Mit der Einteilung des Prozesses in voneinander abgrenzbare Phasen werden die Veränderungen deutlich. Durch die Darstellung der Veränderungen von Phase zu Phase können (1) der sich verändernde Gegenstand der Steuerung, (2) die variierenden Steuerungsformen und (3) die Wirkungen von Interventionen verdeutlicht werden.

Ziel dieses ersten Arbeitsschrittes ist es, eine interdisziplinär getragene Einteilung des zu untersuchenden Entwicklungsprozesses in charakteristische Phasen vorzunehmen. Als Anhaltspunkte zur Phaseneinteilung dienen bedeutsame Ereignisse sowie Richtungsänderungen im Entwicklungsprozess (Stabilität, Brüche, Degression et cetera) aus jeweils disziplinärer Sicht. Die Leitfragen lauten:
- Wie ist der Prozess aus disziplinärer Sicht verlaufen?
- Was sind bedeutsame Ereignisse aus disziplinärer Sicht?
- Durch was und wann werden Richtungsänderungen im Entwicklungsprozess ausgelöst?
- Wie können die Phasen benannt werden?

Verschiedene Perspektiven fokussieren auf unterschiedliche Aspekte von Entwicklungsprozessen. Die Analyse aus jeweils *einer* disziplinären Perspektive grenzt jedoch *andere* Perspektiven aus, daher ist ein multiperspektivisches Herangehen unerlässlich – die Expertinnen und Experten der relevanten Disziplinen müssen ins Boot geholt werden. Resultat kann zunächst eine aus disziplinärer Sicht jeweils unterschiedliche Phaseneinteilung sein. Auf dieser Grundlage muss eine gemeinsam von allen beteiligten Disziplinen getragene Phaseneinteilung erarbeitet werden. Dabei können zum Beispiel beständige Phasen mit wenigen Veränderungen und Übergangsphasen oder -situationen, in denen mehrfache oder einschneidende Veränderungen stattfinden, voneinander unterschieden werden. Die interdisziplinäre Phaseneinteilung ist Ausgangspunkt für die Kartierung der Phasenkonstellationen.

Am Windenergie-Beispiel stellt sich das wie folgt dar:
Bei der Untersuchung der Entwicklung der Windenergie in Deutschland führten die aus jeweils disziplinärer Sicht maßgeblichen Determinanten des Innovationsprozesses zu unterschiedlichen Phaseneinteilungen. Abbildung 24 zeigt, dass sich aus politikwissenschaftlicher Sicht im Untersuchungszeitraum seit Mitte der 1970er Jahre sechs Phasen identifizieren lassen, dass jedoch aus technischer und ökonomischer Sicht jeweils andere Aspekte als zentral erachtet werden, die zum Teil zu einer abweichenden Phaseneinteilung führen. Die Zusammenfassung der verschiedenen Perspektiven lässt sowohl Übereinstimmungen als auch Unterschiede in der Phaseneinteilung erkennen.

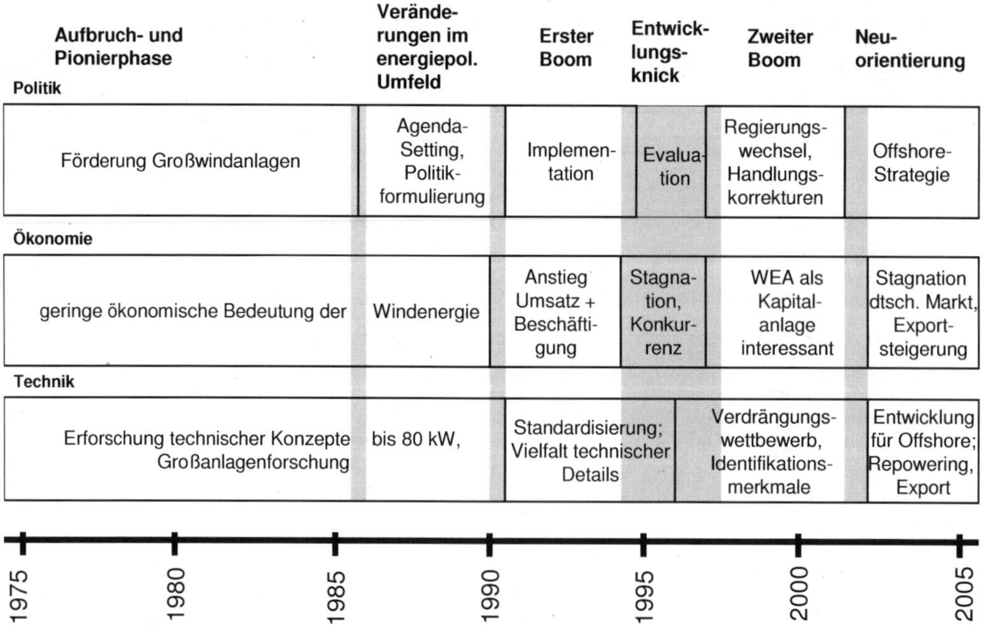

Politik	Aufbruch- und Pionierphase		Veränderungen im energiepol. Umfeld	Erster Boom	Entwicklungsknick	Zweiter Boom	Neuorientierung
	Förderung Großwindanlagen		Agenda-Setting, Politikformulierung	Implementation	Evaluation	Regierungswechsel, Handlungskorrekturen	Offshore-Strategie
Ökonomie							
	geringe ökonomische Bedeutung der	Windenergie		Anstieg Umsatz + Beschäftigung	Stagnation, Konkurrenz	WEA als Kapitalanlage interessant	Stagnation dtsch. Markt, Exportsteigerung
Technik							
	Erforschung technischer Konzepte Großanlagenforschung	bis 80 kW,		Standardisierung; Vielfalt technischer Details	Verdrängungswettbewerb, Identifikationsmerkmale		Entwicklung für Offshore; Repowering, Export

1975 — 1980 — 1985 — 1990 — 1995 — 2000 — 2005

WEA = Windenergieanlage

Abbildung 24: Phasen in der Windenergie-Entwicklung in Deutschland aus politikwissenschaftlicher, ökonomischer und technischer Perspektive

Obwohl aus der jeweiligen disziplinären Perspektive Abweichungen in der Phasenbildung erkennbar sind, konnte sich das Konstellationsanalyse-Team auf voneinander abgrenzbare Phasen des facettenreichen Gesamtprozesses einigen. Abbildung 24 zeigt, dass – trotz unterschiedlicher disziplinärer Akzentuierung – in etwa den gleichen Zeiträumen wenige bzw. viele Veränderungen auftreten. So können zunächst Phasen identifiziert werden, in denen sich die Konstellation nicht oder nur wenig verändert (in der Abbildung die Phasen mit weißem Hintergrund). Weiterhin werden Übergänge bzw. Übergangsphasen deutlich, in denen sich die Konstellation stark verändert (in der Abbildung grau hinterlegt). Den auf diese Weise gemeinsam definierten Phasen wurden charakterisierende Bezeichnungen gegeben, wobei kurze Zeitabschnitte der Veränderung nicht als Phasen, sondern als Übergänge von einer Phase zur nächsten betrachtet wurden.

4.2.2 Kartierung der Phasenkonstellationen

Im zweiten Arbeitsschritt wird für jede der identifizierten Phasen eine Konstellation kartiert. Ziel ist die Erstellung einer Reihe von vergleichbaren Konstellationen für alle Phasen des Entwicklungsprozesses. Sie dienen dazu, die Veränderungen der Konstellation von Phase zu Phase zu verdeutlichen sowie Elemente und Relationen zu identifizieren, die von zentraler Bedeutung für den Entwicklungsverlauf sind.

Das Konstellationsanalyse-Team untersucht dabei nacheinander jede Phase und kartiert das Zusammenwirken heterogener Elemente auf der Basis empirischen Materials. Für die Vergleichbarkeit der Phasenkonstellationen ist es hilfreich, die Elemente zu definieren, die jeweils den Kern der Konstellation bilden (in den folgenden Abbildungen symbolisiert durch den Kreis); sie werden in einem Einigungsprozess durch das Konstellationsanalyse-Team festgelegt. Bestandteil des Kerns kann – als fixes Element – immer ein bestimmtes zentrales Element sein. Die Elemente werden, nach dem in Kapitel 2 beschriebenen Verfahren, angeordnet und zueinander in Beziehung gesetzt. Die darüber hinausgehenden Leitfragen für diesen Arbeitsschritt sind:

- Welche Elemente bilden in der jeweiligen Phase den Kern der Konstellation?
- Mit welchen Elementen stehen sie in enger Beziehung?
- Welche Kontextelemente sind in der jeweiligen Phase von Bedeutung?

Dieser Arbeitsschritt erfolgt in einem rekursiven Wechselspiel von Heuristik und Konkretisierung. Indem das Konstellationsanalyse-Team immer wieder ‚Schleifen' zurück zu dem bereits vollzogenen Arbeitsschritt der Phasenbildung zieht, wird diese überprüft und ausdifferenziert.

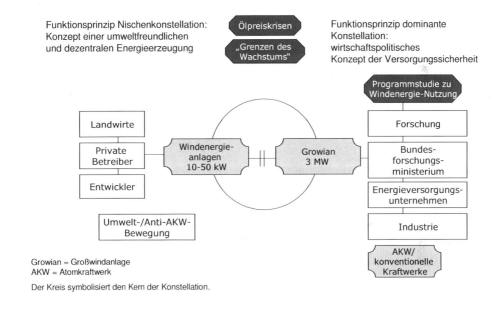

Abbildung 25: Phase I: Aufbruch- und Pionierphase (1975 bis 1986)

Am Windenergie-Beispiel stellt sich das wie folgt dar:
Aus dem Entwicklungsprozess der Windenergie wird im Folgenden beispielhaft die Kartierung einer Phasenkonstellation dargestellt:

Zu Beginn des Untersuchungszeitraums, in der Phase von Mitte der 1970er Jahre bis 1986, hat Windenergie eine nur geringe Bedeutung. Den Kern der Konstellation bilden Windenergieanlagen unterschiedlicher Leistungsbereiche, die in zwei deutlich voneinander zu unterscheidende Teilkonstellationen eingebettet sind: in eine Nischenkonstellation und eine dominante Konstellation. In der Nischenkonstellation gibt es kleine Anlagen mit geringen Stromerzeugungskapazitäten, entwickelt durch Pioniere der Windenergie. Dies sind einzelne, engagierte Ingenieure(innen) oder Bastler(innen), deren Ziele in dieser Phase vor allem in einer dezentralen Energieerzeugung, Umweltschutz, Unabhängigkeit vom Öl arabischer Staaten und dem Ausstieg aus der Atomenergie bestehen. Landwirte beginnen in dieser Phase, Windkraft für den Eigenbedarf zu nutzen.

In der dominanten Konstellation wird versucht mit Großwindanlagen einen Technologiesprung zu erreichen – prominentes Beispiel ist der Growian. Initiiert wurde diese Großwindanlage vom damaligen Bundesministerium für Forschung und Technologie, beteiligt waren Akteure des herkömmlichen Energieversorgungssektors, große Unternehmen und Forschungsreinrichtungen. Ihr Handeln war – und ist auch heute – vor allem vom Ziel der Versorgungssicherheit sowie von den zentralisierten Strukturen des Energieversorgungssektors geprägt. Die beiden Teilkonstellationen folgen unterschiedlichen Prinzipien: In der Nischenkonstellation, in der vorwiegend Einzelakteure agieren, wird das Konzept einer umweltfreundlichen und dezentralen Energieversorgung verfolgt, während die dominante Konstellation, in der eine Kombination aus Energiewirtschaft, Großindustrie und Technologiepolitik handelt, auf ein wirtschaftspolitisches Konzept der Versorgungssicherheit setzt. Die in den beiden Teilkonstellationen verfolgten technologischen Konzepte schließen sich gegenseitig weitgehend aus. Den Kontext der Konstellation bilden die beiden Ölpreiskrisen der 1970er Jahre sowie die Erkenntnis der Grenzen des Wachstums. Die Gesamtkonstellation wurde vom Konstellationsanalyse-Team mit dem Titel „Aufbruch- und Pionierphase" charakterisiert.

4.2.3 Beschreibung des Entwicklungsprozesses

Nach der Kartierung der Phasen-Konstellationen geht es im dritten Arbeitsschritt darum, den Entwicklungs- und Veränderungsprozess der Konstellation von Phase zu Phase zu durchleuchten. Das Konstellationsanalyse-Team nimmt dabei die Veränderungen insbesondere der Struktur sowie der Charakteristika und Funktionsbedingungen der Konstellation von Phase zu Phase in den Blick und arbeitet heraus, wodurch die Ver-

änderungen jeweils ausgelöst werden. Leitfragen zur Beschreibung des Entwicklungsverlaufs sind:
- Wie verändern sich die Elemente im Kern der Konstellation?
- Treten neue Elemente in die Konstellation ein? Verlieren Elemente an Bedeutung?
- Werden neue Beziehungen zwischen Elementen gebildet oder werden Beziehungen brüchig?
- Wie verändert sich die Struktur der Konstellation? Verändern sich Teil- oder Subkonstellationen?
- Welches sind die Charakteristika und Funktionsprinzipien in den verschiedenen Phasen-Konstellationen?

Am Windenergie-Beispiel stellt sich das wie folgt dar:
Die Abbildungen 26 bis 29 zeigen die Kartierungen der Phasen II bis V des untersuchten Entwicklungsprozesses. Zur besseren Vergleichbarkeit sind die vier Phasen-Konstellationen auf den Seiten 89 und 90 unmittelbar hintereinander angeordnet. Die Veränderungen innerhalb der Konstellation gegenüber der jeweils vorangehenden und der jeweils nachfolgenden Phase werden anhand der abgebildeten Kartierungen deutlich: Sie zeigen, wie sich die Elemente und ihre Beziehungen von Phase zu Phase verschoben haben, dass einzelne Elemente randständiger werden oder verschwinden und neue Elemente hinzutreten.

In der zweiten Phase (Abbildung 26) zeigt sich eine erste, leichte Entkopplung der sonst im Energiebereich engen Allianz aus staatlichen und energiewirtschaftlichen Akteuren. Die Akteure und die Technologie in der Nische erhalten eine zunächst vorsichtige finanzielle Unterstützung in Form von Förderprogrammen durch staatliche Akteure. In der Folge ist ein Schritt weg von individuellen Akteurs- und Technikkonzepten hin zur Bildung von Allianzen (Betreibergemeinschaften) und größeren technischen Einheiten (erste Anlagen-Gruppen) zu beobachten. Unter dem Eindruck der Reaktorkatastrophe von Tschernobyl und des Brundtland-Berichts wird das Funktionsprinzip der dominanten Konstellation vorsichtig erweitert: Staatliche Akteure ergänzen das wirtschaftspolitische Konzept der Energieversorgungssicherheit um umweltpolitische Aspekte, belassen es aber angebotsorientiert. Zwischen den beiden Funktionsprinzipien Klimaschutz und Ressourcenendlichkeit ergibt sich ein kleiner Überschneidungsbereich.

In der dritten Phase (Abbildung 27) wird eine starke Veränderung durch die Pluralisierung der Akteure in der Nischenkonstellation deutlich. Neben die eher idealistisch motivierten Akteure treten professionelle und wirtschaftliche Akteure, die an Gewicht gewinnen und die Nische der Windenergie (re-)organisieren, professionalisieren und kommerzialisieren. Der Übergang von eher informellen, vertrauten zu marktwirtschaftlichen, anonymen Beziehungen, die steigende räumliche Bedeutung sowie die kapitalintensivere Größenordnung der Einzelanlagen und Windparks erfordern eine stärkere rechtliche und planerische Formalisierung der Windenergienutzung. Seitens des Staates wird der Boom in der Nischenkonstellation nicht mehr nur mit finanziellen, sondern nun auch mit energierechtlichen Regelungen befördert. Der Mehrebenenkontext wird relevant, er wirkt in Form von Regelungen auf internationaler und EU-Ebene auf die Konstellation ein. Funktionsprinzipien der wachsenden Nischenkonstellation sind Professionalisierung und Kommerzialisierung. Damit gewinnt die ökonomische Sicherung der Investitionen in einem hoch dynamischen Umfeld eine zentrale Bedeutung, was von einzelnen staatlichen Akteuren und einem Klimapolitikfreundlichen Umfeld unterstützt wird.

In der vierten Phase (Abbildung 28) sieht sich die emanzipierte Nischenkonstellation mit neuen Elementen und Allianzen konfrontiert: Die Energiewirtschaft tritt massiv in die Gesamtkonstellation ein, finanzwirtschaftliche Akteure gewinnen an Bedeutung, während gleichzeitig staatliche Akteure hemmend einwirken. In der Folge treten rechtliche und wirtschaftliche Zeichenelemente in den Kern der Konstellation und setzen die Nischenkonstellation unter unmittelbaren und rechtlich vermittelten ökonomischen Druck. Gleichzeitig muss die Nischenkonstellation mit den Folgen der Boom-Phase fertig werden, die als wirtschaftliche Probleme (Preisdruck) in Erscheinung treten. In den Naturschutz- und Umweltverbänden entsteht Kritik an der veränderten Art der Windenergienutzung. Funktionsprinzipien dieser Phase sind ökonomischer und rechtlicher Überlebenskampf auf der Nischenseite und ökonomische und rechtliche Gegenwehr auf der Seite der traditionellen Energiewirtschaft. Die Konstellation scheint vom Umfeld unbeeinflusst ganz auf sich selbst und die eigene Reorganisation konzentriert.

In Phase V (Abbildung 29) treten staatliche und EU-Akteure mit einer erneuten Regelungswelle in die Konstellation ein. Im Kern der Konstellation finden sich die entsprechenden Zeichenelemente, die die Konstellation stabilisieren. Auf der emanzipierten Nischenseite haben sich die Akteure reorganisiert und in einer breiten Allianz neu aufgestellt. Die Konstellation entwickelt sich in einem Umfeld, das eine für die Windenergie optimale Kombination aus umwelt- und wirtschaftspolitischen Zielen prononciert und mit der Marktliberalisierung die Markteintrittsbarrieren weiter absenkt. Dies findet seinen Ausdruck in der weiteren Verbreitung von Windkraftanlagen. Während staatliche und windwirtschaftliche Akteure das Funktionsprinzip ‚Klimapolitik durch Windwirtschaftswachstum' teilen, formiert sich am Rande der Konstellation eine neue Subkonstellation sehr heterogener Windenergiekritiker.[21]

---

21 Die Entwicklung der Windenergie setzt sich nach 2002 durch eine Spaltung der Konstellation (Windenergie auf dem Land einerseits und auf dem Meer andererseits) fort, was hier aus Platzgründen nicht mehr dargestellt wird.

4 ANWENDUNGSBEREICHE

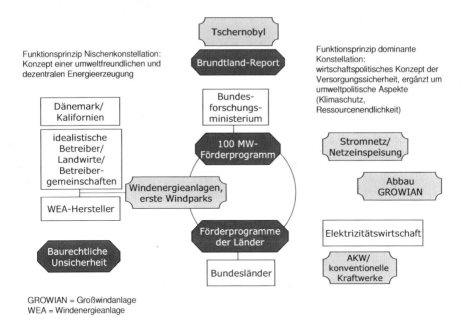

Abbildung 26: Phase II: Umdenken und veränderte Rahmenbedingungen (1986–1990)

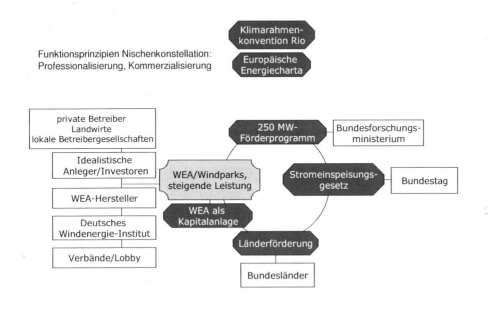

Abbildung 27: Phase III: Erster Boom und Konzentration (1991–1995)

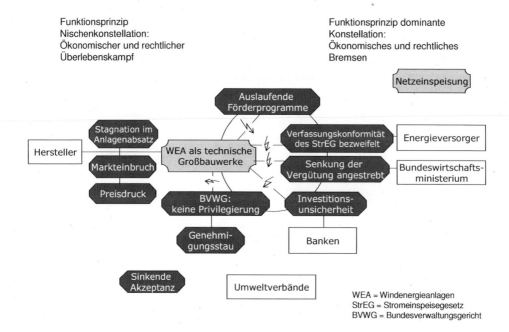

Abbildung 28: Phase IV: Entwicklungsknick (1995–1997/98)

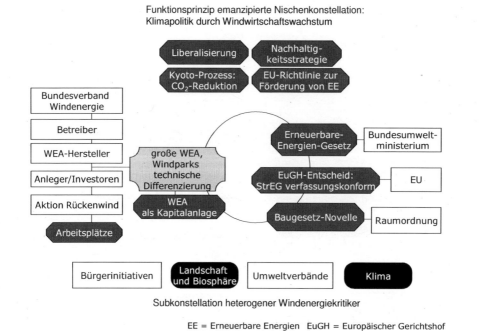

Abbildung 29: Phase V: Zweiter Boom (1997/98–2002)

4.2.4 Interpretation des Entwicklungsprozesses

Im vierten und abschließenden Arbeitsschritt geht es darum, im Entwicklungs- und Veränderungsprozess der Konstellation die Rolle von Steuerung zu interpretieren und ihre Bedeutung für die Entwicklung der Konstellation herauszuarbeiten. Leitfragen zur Interpretation des Entwicklungsprozesses sind:

- Wer oder was sind treibende Kräfte (einzelne Elemente, Allianzen)? Welche Elemente haben eine aktivierende, steuernde Funktion?
- Werden die Veränderungen innerhalb der Konstellation oder im Kontext der Konstellation ausgelöst?
- Welche Rolle spielen steuernde Interventionen im und für den Entwicklungsprozess? Welche beabsichtigten und unbeabsichtigten Wirkungen entfalten sie?
- Wann nehmen welche Elemente Einfluss auf die Konstellation? In welcher Phase des Prozesses wirken steuernde Interventionen?

Am Windenergie-Beispiel stellt sich das wie folgt dar:
Die Interpretation des Entwicklungsprozesses durch das Konstellationsanalyse-Team kam zu folgendem Ergebnis: In der ersten Phase bilden Motive, Technik und Akteure eine konsistente Teilkonstellation (Nischenkonstellation). Anders in der dominanten Konstellation: Hier handeln die Akteure nach unterschiedlichen Motiven. Ziele und Akteure bilden ein eher inhomogenes Konglomerat und sind nicht vereint auf die Entwicklung der Windenergie gerichtet – dementsprechend scheitert die Intervention (Großwindanlagenforschung des Bundesministeriums für Forschung und Technologie, BMFT).

In der zweiten Phase wird der staatliche Aktivitätsschub der Bundesländer und des Bundesforschungsministeriums maßgeblich durch externe Impulse – das Zusammenspiel von Bedrohungsszenarien (Tschernobyl) sowie sichtbaren Erfolgsfällen (Dänemark, Kalifornien) – ausgelöst. Die Förderprogramme entfalten mehr Wirkung als das Vorläuferprogramm zur Großwindanlagenforschung, weil sie an bestehende Strukturen in der Nischenkonstellation anknüpfen. Kleine und mittlere Unternehmen der Nische sind Fördermittelnehmer und streben an, die Anlagen technisch funktional und marktreif zu gestalten. Ziele und Akteure der Nischenkonstellation und die staatlichen Teile der dominanten Konstellation nähern sich also an. Die staatlichen Steuerungsimpulse konzentrieren sich auf die schrittweise Effizienzsteigerung und Markteinführung der Anlagen, sie sind hinsichtlich der Ziele und der Motivation der beteiligten Akteure in der Nische konsistenter und damit ein wichtiger Vorläufer für den Boom der nächsten Phase.

In der dritten Phase können staatliche Steuerungsimpulse (Stromeinspeisegesetz, Förderprogramme) eine hochgradige Wirkung entfalten, die selbst die Initiatoren überrascht. Sie sind eingebettet in eine konsistente Zielsetzung (Liberalisierung und

Öffnung des Strommarktes, konvergierende umwelt-, klima- und wirtschaftspolitische Ziele), in eine durch Aufbruchstimmung und Zuversicht geprägte Atmosphäre und werden von einer breiten Allianz aus bisherigen und neu in die Konstellation eintretenden Akteuren getragen – Investor(inn)en, Betreiber(innen), Hersteller(innen), Politiker(innen), Lobbyist(inn)en. Die Steuerungsimpulse wirken in dieser wichtigen Entwicklungsphase der Technologie weitgehend unbeeinflusst und separiert von der dominanten energiewirtschaftlichen Teilkonstellation. Die darauf folgende Kapitalisierung und Kommerzialisierung der Branche befeuert als treibende Kraft die Entwicklung weiter – sie wird zunehmend konform mit der dominanten Konstellation und damit weiter begünstigt, zum Beispiel finanzwirtschaftlich.

In der vierten Phase werden die Steuerungsimpulse aus der vorangehenden Phase teilweise zurückgenommen (auslaufende Förderprogramme) oder geraten infolge von Interventionen der Energiewirtschaft ins Visier der Justiz. Einige Impulse wirken bremsend, zum Beispiel die Erwägung einer Reduktion der Einspeisevergütung durch das Bundeswirtschaftsministerium oder der Beschluss, Windkraftanlagen im Baugesetz nicht zu privilegierten Vorhaben zu erheben. Motivationen und Ziele scheinen auf Seiten der staatlichen Akteure diffus, kraftlos oder widersprüchlich – ein Hinweis auf die machtvolle Position der Energiewirtschaft in Deutschland. Akteure und Investor(inn)en der Windenergie-Branche sind verunsichert.

In der nun folgenden fünften Phase sorgen energiewirtschaftliche und baurechtliche Novellen wieder für mehr Klarheit in der Konstellation. Sie vereinbaren weitgehend klima- mit wirtschaftspolitischen Zielsetzungen, berücksichtigen gleichzeitig die räumlichen Bedingungen vor Ort und gewinnen damit an Konsistenz. Insbesondere das Energieeinspeisegesetz entfaltet weitreichende Wirkungen, die in der nächsten Phase unter anderem durch den Eintritt der Energieversorger in das Geschäft mit der Windenergie deutlich werden. Mit der ausgelösten Dynamik werden Fakten geschaffen, die zum Teil auch zu nicht intendierten Folgen (Wildwuchs' von Windenergieanlagen, Zielkonflikte mit dem Landschafts- und Naturschutz) führen, für deren Regulierung nur ein begrenztes Steuerungsinstrumentarium zur Verfügung steht.

Mit dem Übergang in die (hier nicht mehr dargestellte) Phase nach 2002 zeichnet sich wiederum ein Umbruch ab, ausgelöst durch den ökonomischen Erfolg der Windenergie in Deutschland und immer knapper werdende geeignete Standorte auf dem Land. Windenergie soll nun auch auf dem Meer genutzt werden und große Industrieunternehmen treten in die Konstellation ein, was vermutlich wiederum eine Anpassung des staatlichen Steuerungsinstrumentariums erfordert.

4.2.5 Fazit

Nach der inhaltlichen Interpretation eines Entwicklungsprozesses mit Hilfe der Konstellationsanalyse soll im Folgenden auf die Leistungsfähigkeit des Instruments eingegangen werden. Die Erfahrungen im hier behandelten Anwendungsfeld zeigen, dass die Konstellationsanalyse in mehrfacher Weise zur Beantwortung der Frage nach dem Einsatz und der Wirkung von Steuerungsimpulsen beitragen kann:

Erstens verdeutlichen Kartierung, Beschreibung und Interpretation des Entwicklungsprozesses der Windenergie, dass der Prozess nicht durch einen einzelnen, autonom handelnden oder zentral steuernden Akteur dominiert, sondern durch das Zusammenwirken mehrerer Akteure unter Hinzuziehung verschiedener Steuerungsansätze und im Rahmen unterschiedlicher Kontextbedingungen gestaltet wird. Die von staatlichen Institutionen gezielt zur Steuerung eingesetzten Instrumente entfalten eine Wirkung, jedoch erst im Zusammenspiel mit anderen Elementen. Im Sinne der als Governance bezeichneten Formen steuernder Interaktion und Kooperation zwischen Regierung, Verwaltung und gesellschaftlichen Akteuren lautet die Antwort auf die eingangs aufgeworfene Frage nach dem staatlichen Steuerungspotenzial, dass der Staat zwar eine zentrale Rolle im Entwicklungsprozess spielt, diese jedoch eng mit den Zielen und Aktivitäten nicht-staatlicher Akteure verbunden ist. Die Wirkung staatlicher Interventionen steht und fällt mit den Interessen, Zielen und Motivationen der beteiligten Akteure. Sind diese widersprüchlich oder diffus, schränkt dies die Wirkung der Interventionen ein. Konvergieren die Ziele und Motivationen, kann sich die Wirkung einer steuernden Maßnahme besser entfalten. Auch die Konvergenz oder Divergenz im Mehrebenensystem spielt eine Rolle für das Steuerungshandeln – Maßnahmen auf übergeordneter Ebene haben ebenso Einfluss auf nationale Steuerung wie die Resonanz von Eingriffen des Bundes oder eines Bundeslandes auf lokaler oder regionaler Ebene. Werden die (nicht intendierten) Wirkungen der Interventionen auf die Bedingungen vor Ort nicht berücksichtigt, können erhebliche Widerstände auftreten.

Zweitens kann mit dem Instrumentarium der Konstellationsanalyse gezeigt werden, dass nicht nur Governance und Mehrebenensystem eine Rolle spielen, sondern dass die Wirkung staatlicher Interventionen stark von der umfassenden Konsistenz der Handlungsstrategie mit der Konstellation, ihrem Umfeld, ihrer Struktur und ihren Funktionsbedingungen anhängig ist. Ist die Konstellation gespalten in widerständige und unvereinbare Teilkonstellationen mit divergierenden Funktionsprinzipien, so ist dies eine ungünstigere Voraussetzung für Steuerungsversuche, als wenn diese auf autonome oder sich einander annähernde Teilkonstellationen treffen. Darüber hinaus können Kontextereignisse wie zum Beispiel motivierende Entwicklungen in Vorreiterländern oder steigender Problemdruck durch Bedrohungsszenarien die Konstellation und damit den Kontext von Steuerungsimpulsen erheblich beeinflussen. Die Kartierungen helfen zu erkennen, welche Form der Steuerung jeweils passfähig ist. Besonders deutlich wird dies am Beispiel der misslungenen Intervention in Phase I: Der Blick auf die Konstellation zeigt, dass der Staat versucht, die Windenergie durch einen massiven Technologiesprung an das Setting der dominanten Konstellation anzupassen – die Akteure, Motivationen und Funktionsbedingungen der Nischenkonstellation bleiben dabei außer Acht und werden nicht genutzt. Bei der Betrachtung der Kartierung ist die Inkonsistenz des Steuerungsversuchs augenfällig. Auch auf Seiten der dominanten Konstellation steht die Motivation des Steuerungsversuchs nicht im Einklang mit den Interessen der beteiligten Akteure und dem vorhandenen technischen Know-how. Erst in den darauf folgenden Phasen knüpfen die Steuerungsimpulse an bestehende Strukturen an und es wird ein Regulationsrahmen geschaffen, der dynamisierenden und stabilisierenden Einfluss auf die schrittweise Entwicklung der Windenergie-Technologie ausübt.

Drittens kann die Konstellationsanalyse die Wechselwirkung staatlicher (Technik-)Steuerung mit der technischen Entwicklung verdeutlichen. Erfolge und Dynamiken in der Technikentwicklung wirken ebenso auf das Steuerungssystem zurück wie Misserfolge oder nicht intendierte Folgen. Die Technik treibt und wird getrieben.

Viertens konnten mit der Konstellationsanalyse die Veränderungen der Konstellation im Zeitverlauf nachgezeichnet werden. Jede Phase, jede neue Konstellation zeigt eine substantiell veränderte Situation gegenüber der jeweils vorangehenden Phase. Somit verändern sich auch der Gegenstand, die Anforderungen sowie die Zielsetzungen von steuernden Interventionen. An den Kartierungen der Konstellationen wird das jeweilige Setting deutlich, in das steuernde staatliche Impulse und nicht-staatliche Kräfte eingebettet sind. Der Staat spielt eine starke Rolle innerhalb der Konstellation, diese Rolle verändert sich jedoch. Der Strategiewandel staatlichen Handelns ist am unterschiedlichen Ort seines Wirkens und an der Veränderung seiner Position in der Konstellation ablesbar. Er wandert zunächst von der dominanten Konstellation zur Nischenkonstellation und im Lauf der Entwicklung wieder auf die Seite der dominanten Konstellation. Die Form der Steuerung, die Strategie, das Umfeld und der Gegenstand seiner Interventionen verändern sich von Phase zu Phase. Das Steuerungsinstrumentarium wird jeweils flexibel angepasst und nachgebessert. Auf diese Weise wird die Zielsetzung der Ausbreitung der Windenergie und einer sich selbst tragenden Weiterentwicklung erreicht. Die Analyse belegt, dass auch in Zukunft eine jeweils an die neue Situation angepasste Steuerung erforderlich sein wird.

Die Konstellationsanalyse ermöglicht einen differenzierten Blick auf die Anordnung der Elemente, in deren Zusammenspiel Steuerungsimpulse wirken. Sie bietet die Möglichkeit, zeitliche Entwicklungsprozesse in der Pluralität der Einflussfaktoren abzubilden – eine Möglichkeit der Ordnung sowohl in der Zeit als auch in der Vielfalt der relevanten Aspekte – und auf der Basis der kartierten Konstellationen genauer zu beschreiben und zu interpretieren. Sie ermöglicht es, in diesem Anwendungsfeld unterschiedliche Prozesse miteinander zu vergleichen.

Über die geschilderte Form der Anwendung der Konstellationsanalyse hinaus ist es denkbar, diese auch für die Evaluation von Steuerungsprozessen weiter zu entwickeln und damit einen weiteren Anwendungsbereich zu erschließen. Im hier dargestellten Anwendungsfall werden jedoch auch die Grenzen der Darstellung von Prozessen mit der Konstellationsanalyse deutlich: Die Veränderungen von Phase zu Phase können nicht – wie in einem Film – sukzessive eingeblendet werden, auch eine fließende Darstellung von Veränderungen wie in einem Flussdiagramm ist nicht möglich. Bei der Einteilung von Prozessen in Phasen wird die Entwicklung der Konstellationen in einer Abfolge von Standbildern einzeln und nacheinander dargestellt, die von Phase zu Phase verglichen werden. Die Veränderung wird beschrieben, indem das Konstellationsanalyse-Team die jeweils abgebildeten, zeitlich auf eine Phase begrenzten Konstellationen einander gegenüberstellt. Die Konstellationsanalyse kann jedoch innerhalb der betrachteten Phasen nur einen Zeitausschnitt abbilden – Übergangssituationen oder Dynamiken *innerhalb* der Phasen sind schwer fassbar.

4.2.6 Tabellarische Übersicht der Arbeitsschritte und Leitfragen

Von der disziplinären zur interdisziplinären Phaseneinteilung	
Arbeitsschritte	**Leitfragen**
1. Den Prozess aus jeweils disziplinärer Sicht in Phasen strukturieren	• Wie ist der Prozess aus disziplinärer Sicht verlaufen? • Was sind bedeutsame Ereignisse im Entwicklungsprozess? • Durch was und wann werden Richtungsänderungen im Prozess ausgelöst?
2. Interdisziplinär auf eine einheitliche Phaseneinteilung einigen	• Wie können die Phasen benannt werden?
Kartierung der Phasenkonstellationen	
1. Eine Kartierung der Konstellation für jede Phase des Prozesses erstellen	• Welche Elemente bilden in der jeweiligen Phase den Kern der Konstellation? • Mit welchen Elementen stehen sie in enger Beziehung? • Welche Kontextelemente sind in der jeweiligen Phase von Bedeutung?
Beschreibung des Entwicklungsprozesses	
1. Veränderungen der Struktur der Konstellation von Phase zu Phase beschreiben	• Wie verändern sich die Elemente im Kern der Konstellation? • Treten neue Elemente in die Konstellation ein? Verlieren Elemente an Bedeutung? • Werden neue Beziehungen zwischen Elementen gebildet oder werden Beziehungen brüchig? • Wie verändert sich die Struktur der Konstellation? Verändern sich Teil- oder Subkonstellationen?
2. Veränderungen der Charakteristika und Funktionsbedingungen der Konstellation von Phase zu Phase beschreiben	• Welches sind die Charakteristika und Funktionsprinzipien in den verschiedenen Phasen-Konstellationen?

Interpretation des Entwicklungsprozesses	
1. Die Rolle von Steuerung interpretieren und ihre Bedeutung für die Entwicklung der Konstellation herausarbeiten	• Wer oder was sind treibende Kräfte (einzelne Elemente, Allianzen)? Welche Elemente haben eine aktivierende, steuernde Funktion? • Werden die Veränderungen innerhalb der Konstellation oder im Kontext der Konstellation ausgelöst? • Welche Rolle spielen steuernde Interventionen im und für den Entwicklungsprozess? Welche beabsichtigten und unbeabsichtigten Wirkungen entfalten sie? • Wann nehmen welche Elemente Einfluss auf die Konstellation? In welcher Phase des Prozesses wirken steuernde Interventionen?
Zusammenfassung der Ergebnisse	

4.3 Perspektivenvielfalt strukturieren

Neben der Strategieentwicklung und der Analyse von Steuerung in Entwicklungsprozessen lässt sich die Konstellationsanalyse auch in Forschungsprojekten einsetzen, in denen das Problem einer Vielfalt von Perspektiven entweder direkt den Forschungsgegenstand darstellt, oder in denen die Analyse, Strukturierung und wechselseitige Bezugnahme von heterogenen Perspektiven notwendige Voraussetzung für eine sinnvolle Bearbeitung der Forschungsfragen darstellt.

Die Frage, wie Wissenschaft mit vielfältigen Perspektiven auf heterogene Konstellationen umgehen kann und soll, spiegelt sich auch in den Debatten um neue Formen der Wissensproduktion wider. Mit den neu entstehenden anwendungsorientierten Zusammenhängen, die etwa als „Agora" bezeichnet werden (vgl. Nowotny et al. 2001 und kritisch Gläser 2001), wird die Hoffnung auf neue Möglichkeiten der Problembearbeitung verbunden. So sollen etwa die Problemstellungen der Forschung mit den betroffenen Akteuren definiert und dabei Wissen und Expertise von verschiedensten Akteuren in den Problemlösungsprozess einbezogen werden. Durch diese Form der Wissensproduktion, so die Erwartung, könnten neue Formen von Partizipation und Verantwortlichkeit entstehen und die Qualität von wissenschaftlichem Wissen auf eine ‚robustere' Grundlage gestellt werden. Zudem sollen auf diese Weise effektivere Lösungs- und Umsetzungsstrategien entwickelt werden, als es in einer Forschung, die in erster Linie wissenschaftlichen Erfolgskriterien und Zielsetzungen folgt, möglich ist.

Bislang wird jedoch sehr selten thematisiert, dass diese neuartigen Formen anwendungsorientierter Forschung zwangsläufig das Problem der Perspektivenvielfalt als eine ganz neue Herausforderung mit sich bringen:

- Als erstes multiplizieren sich die als relevant zu berücksichtigenden Positionen, Interessen und Sichtweisen, da verschiedenste Akteure als Beteiligte und Betroffene ein legitimes Mitspracherecht bekommen sollen. Damit stellt sich die Frage, wie ein Mindestmaß an einheitlicher Problemsicht sichergestellt werden kann.
- Folglich lässt sich in keinerlei Hinsicht – weder bezüglich technischer Machbarkeit noch politischer Strategien oder wissenschaftlicher Herangehensweise – ohne weiteres eine ‚objektive' Problemdefinition oder ein ‚richtiger' Lösungsweg formulieren.
- Die Begründung und Legitimation der Lösungs- und Umsetzungsstrategien bleibt unscharf, weil sie weder nach gängigen wissenschaftlichen Erfolgskriterien noch durch demokratische Verfahren legitimiert hervorgebracht werden.

Wie können in solchen anwendungsorientierten Forschungssituationen die vielfältigen Perspektiven und jeweils situierten Wissensbestände der an einem Forschungs- oder Problemgegenstand beteiligten Akteure dennoch integriert werden? Die meist sehr unterschiedlichen Perspektiven der Akteure auf einen Problemzusammenhang sind durch Interessen, Positionen, Werthaltungen, Weltbilder, Erklärungsmuster, ihr Wissen und ihr gesellschaftliches Umfeld bestimmt. Folglich haben sie oft sehr unterschiedliche Ansichten über die Ursachen des Problems, den Prozessverlauf, die Bewertung der gewählten Mittel oder aussichtsreiche Lösungswege. Um derartige Problemlagen in ihrer Komplexität lösungsorientiert bearbeiten zu können, müssen die unterschiedlichen subjektiven Perspektiven expliziert und vergleichbar aufbereitet werden. Erst dann lassen sich in der Vielfalt von Perspektiven Gemeinsamkeiten und Unterschiede bestimmen, die die Basis für die Entwicklung gemeinsamer Problemdefinitionen und Lösungswege darstellen können.

Darüber hinaus bedarf es einer offenen Verständigung über diese Perspektiven, in der sich die beteiligten Akteure über ihre Sichtweisen und ihren Beitrag zur Problemlösung austauschen können. Für die Aushandlung von Lösungsansätzen ist es hilfreich, wenn dieser Verständigungsprozess strukturiert wird – zum Beispiel indem deutlich gemacht wird, wie genau die verschiedenen Perspektiven aussehen, welche Elemente und Beziehungen zentral sind, welche Konflikte und Widerstände bestehen, wo Gemeinsamkeiten und Synergien zwischen den unterschiedlichen Perspektiven bestehen et cetera. Die Konstellationsanalyse bietet ein Handwerkszeug, mit dem eine solche Analyse der Perspektivenvielfalt und Strukturierung von Aushandlungsprozessen möglich wird.

Im Unterschied zu anderen Analysemethoden (z.B. Wertbaumanalyse, Netzwerkanalyse, Meinungsumfragen), die überwiegend auf einzelne Bestandteile der Perspektive (z.B. Werthaltungen, ökonomische Interessen, politische Meinungen) fokussieren, zielt die Konstellationsanalyse darauf, die Perspektiven in der Gesamtheit ihrer verschiedenen Facetten zu berücksichtigen und damit auf den gesamten Problemzusammenhang zu beziehen anstatt sie zu de-kontextualisieren.

Die Strukturierung von Perspektivenvielfalt mit Hilfe der Konstellationsanalyse gliedert sich in vier Schritte, die im Folgenden am Beispiel des Forschungsprojektes „Blockierter Wandel? Denk- und Handlungsräume für eine nachhaltige Regionalentwicklung" erläutert werden (siehe Kasten). In einem ersten Schritt wird eine Ausgangskartierung aus wissenschaftlicher Perspektive erstellt. Diese dient einer Annäherung und Vorstrukturierung der zu untersuchenden Fragestellung und der Identifizierung zentraler Elemente, Beziehungen und Funktionsprinzipien. Auf dieser Basis werden die Akteure und Akteursgruppen ermittelt, deren jeweilige Perspektiven für die Fragestellung relevant sind. Diese Perspektiven werden in einem zweiten Arbeitsschritt einzeln kartiert. In einem dritten Schritt werden diese Perspektivkartierungen aufeinander bezogen und zusammengeführt. Abschließend werden Möglichkeiten diskutiert, wie in wissenschaftlichen und außerwissenschaftlichen Zusammenhängen mit den strukturierten Perspektiven weitergearbeitet werden kann.

Hochwasserschutz in der Mulde-Mündung

Das im Rahmen der Sozial-ökologischen Forschung des Bundesforschungsministeriums geförderte Forschungsprojekt „Blockierter Wandel? Denk- und Handlungsräume für eine nachhaltige Regionalentwicklung" untersuchte am Beispiel der sachsen-anhaltinischen Region Mulde-Mündung, warum trotz fast zehnjähriger Bemühungen um eine nachhaltige Regionalentwicklung der Prozess nur schleppend vorankommt (vgl. auch Kapitel 4.4; beides ausführlich in Forschungsverbund „Blockierter Wandel?" 2006). Das Teilprojekt „Normative Räume" untersuchte diese übergreifende Fragestellung am Beispiel des Handlungsbereichs Hochwasserschutz und analysierte mit Hilfe der Konstellationsanalyse die vielfältigen regionalen Perspektiven auf die Gestaltung des Hochwasserschutzes.

Seit der Elbe-Flut im Sommer 2002 unterliegt der Hochwasserschutz in Sachsen-Anhalt starken Veränderungsprozessen. Von politischer und gesellschaftlicher Seite wird das Motto „Den Flüssen mehr Raum" zum neuen Leitbild einer nachhaltigen Flusspolitik erhoben, was auf eine Senkung des Wasserspiegels durch mehr Retentionsraum zielt. Gleichzeitig versuchen die amtlichen Hochwasserschützer die Sicherheit für die örtliche Bevölkerung schnellstmöglich zu erreichen und investieren vordringlich in kurzfristig umsetzbare technische Schutzmaßnahmen und die grundsätzliche Sanierung der Deiche. Zwischen diesen beiden Hauptrichtungen bewegt sich eine Vielzahl von Akteuren, die versuchen, ihre zum Teil gegensätzlichen Interessen im Spannungsfeld zwischen Umwelt und Gesellschaft mit mehr oder weniger Handlungsmacht durchzusetzen. In dieser Gemengelage aus unterschiedlichen Zielen, Interessen und Bewertungen stellt sich die Situation als unübersichtlich und scheinbar unbeweglich dar. Der geforderte Paradigmenwechsel zu einem nachhaltigen Hochwasserschutz erscheint durch die konfliktbeladene Gegenüberstellung von kurzfristigen Sicherheitsinteressen und der langfristigen Stärkung natürlicher Potenziale blockiert.

Das Forschungsprojekt vermutete, dass diese Blockaden entstehen, wenn normative Muster in der Auseinandersetzung um den künftigen Hochwasserschutz nicht erkennbar gemacht werden, sondern implizit in die als starrköpfigen Streit um die richtigen Schutzmittel und -strategien wahrgenommenen Diskussionen einfließen. Mit Hilfe der Konstellationsanalyse zeichnete das Forschungsprojekt die Vielfalt der Perspektiven in der Untersuchungsregion nach und arbeitete Unterschiede und Gemeinsamkeiten heraus, um so Blockaden auf dem Weg zu einem nachhaltigen Hochwasserschutz zu identifizieren. Zum Projektteam gehörten eine Politik- und eine Umweltwissenschaftlerin, die auf Basis von Interviews und Materialauswertungen die Konstellationen kartierten und mit den beteiligten Akteuren diskutierten und revalidierten.

4.3.1 Erstellung der Ausgangskartierung

Um vielfältige Perspektiven zu analysieren und zu strukturieren, ist es notwendig, eine erste Kartierung der Konstellation vorzunehmen. Ziel ist es, den Forschungsprozess vorzustrukturieren und zu klären, welche Elemente für die Problemstellung oder Forschungsfrage zentral sein könnten und welche Perspektiven es in den folgenden Schritten zu untersuchen gilt. Die Ausgangskartierung gibt einen ersten Überblick über die relevanten Akteure, ihre Beziehungen zueinander sowie über die Struktur der Konstellation. Darüber hinaus dient diese erste Kartierung im weiteren Forschungsprozess als Heuristik, auf die sich die Kartierungen der unterschiedlichen Perspektiven auf die Konstellation beziehen lassen. Sie wird im Forschungsverlauf weiterentwickelt und konkretisiert und hat also nicht Ergebnischarakter, sondern stellt vielmehr einen Startpunkt für die folgende detaillierte Untersuchung dar. Folgende Fragen leiten in diesem Schritt die Kartierung:

- Welches sind die zentralen Elemente? Was steht im Zentrum der Konstellation?
- Wie stehen die Elemente zueinander in Beziehung? Welche Elemente sind in Konflikte involviert, welche durch Allianzen verbunden?
- Welches sind strukturbestimmende Prinzipien innerhalb der Konstellation?
- Welche Akteure sind für die Kartierung der Perspektiven relevant?

Für die Erstellung der Ausgangskartierung ebenso wie für die nachfolgenden Analyseschritte ist es wichtig, dass die Datengrundlage, die Quellen und die eigenen Forschungsentscheidungen offen gelegt werden: Auf Grund welcher Aussagen, Dokumente, Positionspapiere oder Beobachtungen werden die Elemente der Konstellation kartiert? Mit Bezug auf welche Datenbasis werden die Relationen und Funktionsprinzipien strukturiert? Aus welchen Gründen werden bestimmte Akteure für die Kartierung der Perspektiven ausgewählt? Diese Fragen gilt es im Konstellationsanalyse-Team vor dem Hintergrund des vorhandenen disziplinären und anwendungsbezogenen Wissens zu klären. Die Dokumentation und Reflexion der Referenzen und Bezüge stellt für den anschließenden Analyseprozess sicher, dass die Kartierung der Elemente und Beziehungen, Strukturen und Funktionsprinzipien für alle beteiligten Akteure nachvollziehbar ist.

Am Beispiel „Hochwasserschutz in der Mulde-Mündung" stellt sich das wie folgt dar:
In einer ersten Recherche wurden Positionspapiere, Medienberichte und Studien daraufhin analysiert, welche Akteure im Hochwasserschutz eine Rolle spielen und wie ihre Positionen und Interessen in den derzeitigen Veränderungsprozessen im Hochwasserschutz aussehen. Zentrale Aufgabe in diesem Analyseschritt ist, eine erste Heuristik für die möglichen Blockaden auf dem Weg zu einem nachhaltigen Hochwasserschutz zu formulieren und die zentralen Akteure in der Region zu identifizieren.

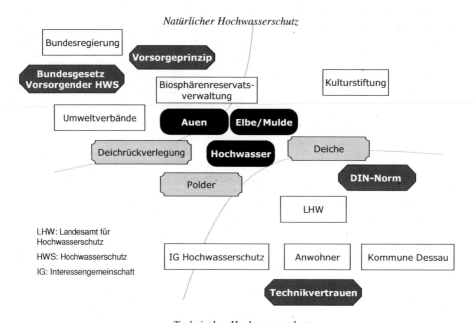

Abbildung 30: Ausgangskartierung „Hochwasserschutz in der Muldemündung"

Auf dieser Basis entstand eine erste Kartierung der Konstellation „Hochwasserschutz in der Muldemündung", die sich auf den ersten Blick als typisch dichotom strukturierte Gegenüberstellung von technischem und natürlichem Hochwasserschutz darstellt.

Elbe und Mulde sind als regelmäßig Hochwasser führende Flüsse zentrale Elemente der Konstellation, um die sich in enger Verbindung die Auen des Biosphärenreservats „Flusslandschaft Mittlere Elbe" als natürliche Elemente sowie Deiche, Polder und Deichrückverlegungen als zentrale technische Regulierungsinstrumente des Hochwasserschutzes gruppieren. Um diesen Kern von technischen und natürlichen Elementen versammeln sich verschiedene soziale Akteure und Zeichenelemente. Auf der einen Seite agiert das Landesamt für Hochwasserschutz in Sachsen-Anhalt (LHW) als für den Hochwasserschutz zuständige Behörde, die die Sanierung und den Neubau der Hochwasserschutzanlagen plant und koordiniert. Die Kommune und die örtliche Bevölkerung fordern eine möglichst schnelle Gewährleistung der technischen Sicherheit vor zukünftigen Hochwasserereignissen. Auch eine Interessengemeinschaft (IG) hat sich zum Ziel gesetzt, die Umsetzung des technischen Hochwasserschutzes zu kontrollieren und die Bürgerinteressen zu vertreten. Die DIN-Norm für Flussdeiche ist ein Zeichenelement, das für diese vier Akteure ein normatives Referenzsystem und damit den gewünschten Standard für die Deichsanierung darstellt.

Auf der anderen Seite fordern Umweltschutzakteure in Verbänden, Verwaltung und auf Bundesebene eine Hochwasserschutzpolitik, die den Flüssen mehr Raum bietet, also Auen renaturiert, Überschwemmungsgebiete erhält und ausweitet sowie überregionale Kooperationen stärkt, um bezogen auf das gesamte Flussgebiet Wasserstände im Hochwasserfall zu senken. Das 2005 beschlossene Bundesgesetz zum vorbeugenden Hochwasserschutz stellt ein potenziell einflussreiches Element in der Konstellation dar, da es verbindliche Vorgaben zur Hochwasservorsorge macht. Im Zuge der Umsetzung durch die Länder wird sich zeigen, wie wirkmächtig dieses Element für die zukünftige Entwicklung der Konstellation sein wird.

In dieser ersten Kartierung scheinen sich zwei Teilkonstellationen herauszukristallisieren, die sich weitgehend unvermittelt gegenüber stehen: die Teilkonstellation „Technischer Hochwasserschutz" in der überwiegend Akteure angeordnet sind, die mit formeller Handlungsmacht ausgestattet sind, und die Teilkonstellation „natürlicher Hochwasserschutz", die seit der Flut 2002 verstärkt in Erscheinung tritt. Es hat den Anschein, dass sich die Akteure und Elemente meist eindeutig der einen oder anderen Seite zuordnen beziehungsweise zuordnen lassen. Schnittmengen, gemeinsame Anknüpfungspunkte scheint es in der derzeitigen Praxis des Hochwasserschutzes nur selten zu geben, und wenn, dann sind sie konfliktbehaftet – wie zum Beispiel bei der Deichrückverlegung „Lödderitzer Forst", einer technischen Hochwasserschutzmaßnahme, die den natürlichen Wasserrückhalt unterstützt.

Nach weiteren Recherchen und explorativen Gesprächen mit regionalen Akteuren erschien diese dichotome Trennung jedoch inkonsistent und für die Charakterisierung der Konstellation unterkomplex. Inkonsistenzen tauchten vor allem in zweierlei Hinsicht auf:

- Einzelne Elemente lassen sich nicht mehr eindeutig zuordnen: Beispielsweise werden Polder von einigen Akteuren (z.B. dem LHW oder der Bundesregierung) zu den vorsorgenden Maßnahmen des natürlichen Hochwasserschutzes gezählt; Umweltorganisationen weisen Polder jedoch als umweltunfreundlich zurück, weil sie die betroffenen Ökosysteme stark beeinflussen, und ordnen sie demnach dem Spektrum der technischen Hochwasserschutzmaßnahmen zu.
- Die Verteilung der Handlungsmacht liegt nicht asymmetrisch auf der Seite der formell zuständigen Akteure, sondern gestaltet sich sehr differenziert aus. Die Bevölkerung beispielsweise übt hohen Druck auf die politischen Vertreter und übernimmt eine aktive Rolle im Entscheidungs- und Diskussionsprozess über die Gestaltung des Hochwasserschutzes.

Bei detaillierter Betrachtung funktioniert die einfache Unterteilung der Konstellation in zwei sich unverbunden gegenüberstehende Lager also nicht mehr. Die unterschiedlichen regionalen Akteure besitzen unterschiedliche Perspektiven, die sich nicht in einer einzigen grafischen Kartierung darstellen lassen, ohne inhaltliche Positionen zu verfälschen. Jede Akteursgruppe würde Elemente und Beziehungen anders beschreiben, positionieren und gewichten.

4.3.2 Kartierung der Perspektiven

Wie macht man vielfältige Sichtweisen in wissenschaftlichen Analysen sichtbar und handhabbar? Die Konstellationsanalyse löst in einem zweiten Arbeitsschritt dieses methodologische Problem mit der getrennten Kartierung der einzelnen relevanten Perspektiven: den Perspektivkartierungen. Die subjektiven Sichtweisen der verschiedenen Akteure werden auf diese Weise ernst genommen und gleichberechtigt behandelt. Ihre detaillierte Abbildung in den Perspektivkartierungen verhindert, dass eine Vielfalt an Handlungsmotivationen und -optionen vorschnell auf die Zugehörigkeit zu verschiedenen Lagern reduziert wird. So können Aushandlungsprozesse über Problemdefinitionen, Handlungsoptionen und Lösungsstrategien vorbereitet werden.

In den Kartierungen der Perspektiven wird die Zoom-Technik auf einen sozialen Akteur angewandt, der in den Fokus genommen wird und dessen Sichtweise auf die Konstellation detailliert analysiert wird. Dazu werden persönliche Interviews und Diskussionen mit den jeweiligen Akteuren durch die akteursspezifische Analyse von Dokumenten, Berichten und Konzeptionen angereichert und so die subjektiven Perspektiven der einzelnen Akteure auf die Gesamtkonstellation in separaten Kartierungen abgebildet. Die Kartierung der Perspektiven kann mit den entsprechenden Akteuren gemeinsam erfolgen oder von einzelnen oder mehreren Forscherinnen und Forschern auf der Basis des entsprechenden empirischen Materials vorgenommen werden. Um die Perspektivkartierungen aufeinander beziehen zu können, müssen sie vergleichbar aufbereitet werden. Dafür hat es sich bewährt, jede Perspektive um einen immer gleichen Kern aus einem oder zwei Elementen zu kartieren (vgl. Kapitel 4.2). So lässt sich ein Minimum an Vergleichbarkeit gewährleisten, ohne die Vielfalt aufgeben zu müssen. Zentrale Fragen für diesen Analyseschritt sind:

- Welche Elemente sind – in Bezug auf die Fragestellung – für den jeweiligen Akteur relevant?
- Welche Rolle weist er/sie ihnen zu und in welchem Verhältnis steht er/sie zu ihnen? Wie charakterisiert er/sie die Beziehungen zwischen den anderen Elementen in der Konstellation?
- Wie schätzt er/sie den eigenen Einfluss auf die anderen Elemente der Konstellation ein? Welche Elemente hält er/sie für einflussreich?
- Welches Element oder welche Elemente stehen im Kern aller Perspektivkartierungen?

Für die Kartierung der Perspektiven ist es wichtig, nicht nur die formell zuständigen Akteure einzubeziehen, sondern die Perspektiven aller für die Fragestellung relevanten oder von dem Problemkomplex betroffenen Akteure zu berücksichtigen.

4 ANWENDUNGSBEREICHE

Am Beispiel „Hochwasserschutz in der Mulde-Mündung" stellt sich das wie folgt dar:
Im Forschungsprojekt „Blockierter Wandel?" wurden die Flüsse Elbe und Mulde, das Hochwasser und der jeweilige soziale Akteur, dessen Perspektive kartiert wurde, als Kern der Perspektiven bestimmt. Im Folgenden werden beispielhaft drei Perspektivkartierungen vorgestellt: die Perspektive (1) des Landesamtes für Hochwasserschutz (LHW), (2) der Bürgerinnen und Bürger des Dessauer Stadtteils Waldersee und (3) der für den Denkmalschutz verantwortlichen Kulturstiftung. Für die Analyse der normativen Muster in der Hochwasserschutzdebatte wurde eine Differenzierung in Schutzziele (in der Grafik durch doppelte Umrandung gekennzeichnet), Schutzmittel und Handlungsrationalitäten des jeweiligen Akteurs vorgenommen.

(1) Das Landesamt für Hochwasserschutz Sachsen-Anhalt (LHW) ist als planende und umsetzende Behörde für den Hochwasserschutz in Sachsen-Anhalt zuständig. Sie verfolgt als zentrales Ziel ihrer Hochwasserschutzpolitik den Schutz menschlicher Siedlungen. Ihre handlungsleitenden Rationalitäten sind an erster Stelle die Beherrschung und Kontrolle des Hochwassers durch technische Maßnahmen, aber auch – wenn auch eher am Rande – die Anpassung an das wiederkehrende Hochwasser.

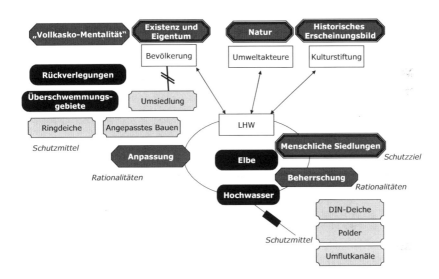

Abbildung 31: Perspektivkartierung Landesamt für Hochwasserschutz

Die Perspektivkartierung des LHW zeigt, dass diese Fachbehörde, anders als ihr Außenauftritt und ihre Außenwahrnehmung suggerieren, neben technischen Schutzmaßnahmen durchaus auch vorsorgende Maßnahmen (z.B. die Ausweisung von Überschwemmungsgebieten, Deichrückverlegungen, bauliche Anpassungsmaßnahmen) als notwendige Bestandteile des Hochwasserschutzes erachtet. Ihre Kompetenz und Zuständigkeit bezieht sich allerdings vor allem auf die technischen Maßnahmen (z.B. den DIN-gerechten Ausbau von Deichen, Poldern). Gleichzeitig wird ihre primäre Handlungsrationalität, die auf die Beherrschung der Hochwassersituationen zielt, durch eine zweite Rationalität relativiert, die die Anpassung an die technisch nicht-beherrschbaren Auswirkungen des Hochwassers verfolgt.

Ein zweiter Aspekt, den die Perspektivkartierung des LHW gegenüber der Ausgangskartierung verdeutlicht, ist die Vermittlungsrolle, die das LHW zwischen den verschiedenen Akteuren und Interessen einnimmt. Zwar ist die formale Beteiligungspflicht des LHW zurzeit ausgesetzt, jedoch haben frühere Bemühungen zu Umsetzung von Sanierungsmaßnahmen zu offenen Konflikten und Blockaden geführt, so dass das LHW die relevanten Akteure nun informell in die Planungen einbezieht.

(2) Der Dessauer Stadtteil Waldersee war vom Elbehochwasser 2002 stark betroffen. Seitdem hat sich die Bevölkerung von Waldersee intensiv an den Diskussionen über die zukünftige Gestaltung des Hochwasserschutzes in der Region beteiligt.

Abbildung 32: Perspektivkartierung Walderseer Bevölkerung

Oberstes Ziel der Walderseer Bürgerinnen und Bürger ist der Schutz ihrer Existenz und ihres Eigentums vor künftigen Überflutungen. Existenzangst, Risikobewusstsein und die Forderung nach mehr Verantwortungsübernahme und Solidarität pointieren als zentrale Zeichenelemente die emotionalen Aspekte der Debatte. Im Vergleich zur im ersten Analyseschritt erstellten Ausgangskartierung zeigt sich hier ein sehr breites Spektrum an Hochwasserschutzmaßnahmen, die die Walderseer Bürgerinnen und Bürger in die Diskussion einbringen. Sie plädieren sowohl für technische Schutzmaßnahmen (z.B. Förderung des Katastrophenschutzes und DIN-gerechter Ausbau der Deiche) als auch für vorsorgende Maßnahmen wie Aufforstung, Schaffung von Überschwemmungsmaßnahmen und die Initiierung einer überregionalen Hochwassernotgemeinschaft. Darin kommen die beiden Handlungsrationalitäten ‚Beherrschung' und ‚Anpassung' zum Ausdruck, die diese Perspektivkartierung prägen.

(3) Die Kulturstiftung ist als Denkmalschutzbehörde vor allem mit den Schutzmaßnahmen auf dem Gebiet des Dessau-Wörlitzer-Gartenreichs beschäftigt, das in großen Teilen im Überschwemmungsbereich von Elbe und Mulde liegt. Ihr zentrales Ziel in der Gestaltung des Hochwasserschutzes ist es, das historische Erscheinungsbild des Gartenreiches zu erhalten.

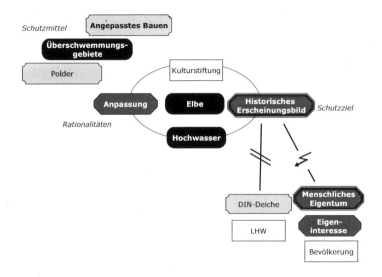

Abbildung 33: Perspektivkartierung Kulturstiftung

Ihre Perspektivkartierung weist eine andere Charakteristik auf: Das Hauptinteresse der Kulturstiftung liegt nicht im Schutz vor dem Hochwasser, sondern im Schutz vor den Hochwasserschutzmaßnahmen. Als Verantwortliche für die UNESCO-Weltkulturerbe-Stätten des Gartenreichs, dessen historisches Erscheinungsbild maßgeblich durch die Flusslandschaft geprägt ist, kritisiert die Kulturstiftung alle Deichsanierungsmaßnahmen, die die historischen Deiche verändern würden. Für sie ist die Anpassung an das Hochwasser die handlungsleitende Rationalität. Sie bevorzugen den Kompromiss, die denkmalgeschützten Gebäude innerhalb des Überschwemmungsgebiets zu belassen und baulich an periodisches Hochwasser anzupassen, anstatt das historische Erscheinungsbild der Deiche durch Sanierungsmaßnahmen zu zerstören. Sie werfen der lokalen Bevölkerung vor, ihr Eigeninteresse über das gesellschaftliche Interesse am Erhalt des Weltkulturerbes zu stellen.

Die Perspektivkartierungen zeigen, dass die eingangs erstellte Ausgangskartierung nicht differenziert genug ist und dem Facettenreichtum der Sichtweisen nicht gerecht wird. Die Kartierung der Perspektiven ermöglicht die strukturierte Darstellung und Analyse der verschiedenen Sichtweisen und verdeutlicht die unterschiedlichen Handlungsrationalitäten und normativen Muster der Akteure.

4.3.3 Perspektivkartierungen vergleichen und rückkoppeln

Im folgenden dritten Arbeitschritt werden die kartierten Perspektiven verglichen und aufeinander bezogen. Ziel ist es, die Perspektivkartierungen mit den beteiligten Akteuren abzusichern und mit der Analyse von Gemeinsamkeiten und Unterschieden Reflexions- und Verständigungsprozesse zu initiieren.

Durch den Bezug auf den gleichen Kern ist eine grafisch vergleichbare Struktur entstanden, anhand derer sich Unterschiede und Gemeinsamkeiten herausarbeiten lassen. Der Schritt des Vergleichens und In-Beziehung-Setzens der kartierten Perspektiven lässt sich durch eine gezielte Rückkopplung mit den Akteuren unterstützen. Wurde die Konstellation nicht gemeinsam mit den jeweiligen Akteuren, sondern im Forscherteam kartiert, sollten sie mit den Akteuren in Einzel- und/oder Gruppengesprächen rückgekoppelt werden. Dies dient einerseits der Revalidierung der Analyseergebnisse, indem die Akteure gegebenenfalls selbst Korrekturen oder Ergänzungen vornehmen können. Andererseits bietet die Rückkopplung der Kartierungen mit den involvierten Akteuren auch die Möglichkeit, Gemeinsamkeiten und Unterschiede zwischen den verschiedenen Perspektivkartierungen herauszuarbeiten, unerwartete Ergebnisse zu diskutieren und Konflikt- oder Anknüpfungspunkte zwischen den Perspektiven gemeinsam zu identifizieren. Die Grafiken eignen sich hervorragend für die Verständigung über die Inhalte der Perspektivkartierungen und führen bei den Beteiligten zu einer Reflexion der eigenen sowie der Perspektive anderer Akteure. Auf diese Weise können gemeinsame Lernprozesse initiiert werden.

Folgende Fragen unterstützen diesen Analyseschritt, der je nach Thema, Fragestellung und Art der Problemstellung sehr unterschiedlich ausfallen kann:
- Sind die Akteure mit der Kartierung ihrer Perspektive einverstanden? Wollen sie Elemente, Beziehungen und Strukturen anders platzieren oder benennen? Ist die Perspektive richtig erfasst? Welche Veränderungen werden auf Grund der Rückkopplung vorgenommen?
- Welche Elemente, Beziehungen oder Strukturen tauchen in allen Perspektivkartierungen auf? Werden damit tatsächlich die gleichen Dinge benannt?

- Welche Elemente sind im Vergleich der Perspektivkartierungen konfliktbehaftet? Welche Typen von Elementen stehen besonders für die Unvereinbarkeiten der Perspektiven?
- Welche Elemente lassen auf Übereinstimmungen in den Perspektivkartierungen schließen? Lässt sich in Teilen der Konstellation eine gemeinsame Sichtweise feststellen?
- Was lässt sich aus der Rückkopplung mit den Akteuren für die Gemeinsamkeiten und Unterschiede zwischen den Perspektiven schließen?

Am Beispiel „Hochwasserschutz in der Mulde-Mündung" stellt sich das wie folgt dar: Ein Vergleich der verschiedenen Perspektivkartierungen in der Region Mulde-Mündung zeigt, dass die Situation und die als notwendig erachteten Schritte im Hochwasserschutz von den Beteiligten durchaus unterschiedlich dargestellt und bewertet werden, dass es aber auch einige Gemeinsamkeiten gibt. Nach der scheinbar dichotom strukturierten Ausgangskartierung benennen die Akteure eine unerwartet ähnliche Palette an Schutz- und Vorsorgemaßnahmen, die sowohl technische Deichbau- und Sanierungsmaßnahmen beinhalten, als auch Maßnahmen der Bauvorsorge und der land- und forstwirtschaftlichen Vorsorge durch Wasserrückhalt. Dieser Einblick in die Perspektiven ermöglicht es, die Maßnahmen in gemeinsame Handlungszusammenhänge einzubinden und neue gemeinsame Interessenkonstellationen zwischen den Akteuren zu entwickeln.

Grundlegende Unterschiede der kartierten Perspektiven liegen nicht so sehr auf der Maßnahmenebene, sondern vor allem auf der Ebene der Schutzziele und der Rationalitäten: Sind die zentralen Schutzziele der lokalen Bevölkerung die Sicherung von Existenz und Eigentum und folgen dem Prinzip der Beherrschung und Kontrolle des Hochwassers, so geht es der Kulturstiftung um den Erhalt des historischen Erscheinungsbildes. Darüber hinaus ist sie bereit, ihr Handeln an das periodische Auftreten von Hochwasser anzupassen. Eine Formulierung und Visualisierung der Unterschiede auf der Ebene der Ziele und Rationalitäten kann Bewegung in die Konstellation bringen und Voraussetzungen für eine Aushandlung der bestehenden Handlungsoptionen schaffen.

In der Rückkopplung mit den Akteuren ergab sich eine grundsätzliche Bestätigung der vorgenommenen Kartierungen. Einige Elemente wurden anders angeordnet oder umbenannt und die Perspektivkartierungen dadurch präzisiert. Die grafische Darstellung ermöglichte eine Fokussierung der Gespräche und bot den Akteuren eine Reflexionsmöglichkeit für ihre eigene Arbeit. Insbesondere der Blick auf die Perspektivkartierungen der anderen Akteure war für die Gesprächspartnerinnen und Gesprächspartner von Interesse und ermöglichte ihnen einen Perspektivenwechsel.

4.3.4 Fazit

Die Strukturierung und der Vergleich von vielfältigen Perspektiven können in verschiedene Anwendungen münden, die über die Konstellationsanalyse hinausgehen. Zum einen verdeutlichen die kartierten Perspektiven den beteiligten Akteuren die Unterschiedlichkeit der Blickwinkel und mögliche blinde Flecken in ihrer eigenen Perspektive. Die grafische Darstellung der Perspektivkartierungen ist eine einfache, aber wirkungsvolle Verständigungsgrundlage für Einzel- oder Gruppengespräche. Erfahrungen aus dem Forschungsprojekt zeigen, dass die Konfrontation mit den sehr verdichteten Kartierungen Einsichten und Erkenntnisse über die eigene Perspektive und die der Anderen produziert. Die Situation wird für die beteiligten Akteure transparenter und damit besser bearbeitbar.

Darüber hinaus können die Kartierungen als Strukturierungshilfe für einen Vermittlungsprozess zwischen den betreffenden Akteuren dienen. Die Verständigung über die Perspektivenvielfalt stellt dabei den ersten Schritt zur Aushandlung dar. Auch in diesem Anwendungsbereich ist die grafische Darstellung hilfreich, um wechselseitige Beziehungen, die vormals versteckt waren, sichtbar zu machen. Die Strukturierung der Perspektiven zielt dann darauf, Missverständnisse zu bearbeiten und Handlungsspielräume und gemeinsame Entscheidungsprozesse zu öffnen.

In der wissenschaftsinternen Weiterarbeit ermöglicht die Strukturierung von Perspektiven die systematische Einbeziehung situierter Akteursperspektiven in den Forschungsprozess. Auf diese Weise können die Forscherinnen und Forscher Praxiswissen in alle Forschungsphasen integrieren und so das wissenschaftliche Bild der Konstellation überprüfen, korrigieren und präzisieren. Die Arbeit mit den Perspektivkartierungen dient dann sowohl der Validierung der Forschungsergebnisse als auch der Initiierung eines Reflexionsprozesses, bei dem die Unterschiede zwischen der wissenschaftlichen Analyse und der Wahrnehmung der Praxispartnerinnen und Praxispartner in den Blick genommen werden.

Während die Konstellationsanalyse in den bisherigen Anwendungsbeispielen dazu diente, heterogene Wissensbestände und Sichtweisen aufeinander zu beziehen und in einer Kartierung zu interpretieren, wird hier die Konstellationsanalyse dazu genutzt, die unterschiedlichen Perspektiven getrennt voneinander darzustellen und zu analysieren, was insbesondere in der transdisziplinären Forschung ein hilfreicher (Zwischen-)Schritt sein kann.

Am Beispiel „Hochwasserschutz in der Mulde-Mündung" stellt sich das wie folgt dar:
Für das Projekt „Blockierter Wandel?" ermöglichte die Analyse der unterschiedlichen Perspektiven eine Differenzierung der scheinbar dichotomen Lagerbildung von Strategien und Akteuren im Hochwasserschutz. Dadurch wurden einerseits Blockaden, aber auch Anknüpfungspunkte für neue Bezogenheiten zwischen den Akteuren deutlich

(vgl. Forschungsverbund „Blockierter Wandel?" 2006). An die Forschungsarbeit im Projekt könnte sich nun ein Aushandlungsprozess über die Gestaltung des Hochwasserschutzes entlang der analysierten Unterschiede und Gemeinsamkeiten anschließen. Die Perspektivkartierungen ermöglichten, diese gezielt zu erfassen und zu vergleichen. Damit ließe sich an den bereits begonnenen Reflexionsprozess anschließen. Anforderungen an eine solche Aushandlung wurden aus der begleitenden Analyse des empirischen Materials formuliert. Eine Umsetzungsphase in Form einer Begleitung des Aushandlungsprozesses konnte auf Grund mangelnder Finanzierung nicht im Rahmen der Projektlaufzeit realisiert werden. Stattdessen wurden die Zwischen- und Endergebnisse mit den in die Untersuchung einbezogenen Akteuren auf verschiedenen Veranstaltungen diskutiert und so eine Vernetzung der Akteure und die Fortsetzung des Verständigungsprozesses befördert. Das Potenzial der Konstellationsanalyse ist in diesem Anwendungsbereich noch lange nicht ausgeschöpft.

4.3.5 Tabellarische Übersicht der Arbeitsschritte und Leitfragen

Erstellung der Ausgangskartierung	
Arbeitsschritte	**Leitfragen**
1. Erste Identifizierung zentraler Elemente und Beziehungen	• Welches sind die zentralen Elemente? Was steht im Zentrum des Interesses?
	• Wie stehen die Elemente zueinander in Beziehung? Welche Konflikte oder Allianzen gibt es?
	• Welches sind strukturbestimmende Prinzipien innerhalb der Konstellation?
2. Auswahl der zu kartierenden Perspektiven	• Welche Akteure sind für die Kartierung der Perspektiven relevant?
Kartierung der Perspektiven	
1. Einzelanalyse der Perspektiven der relevanten Akteure	• Welche Elemente sind – in Bezug auf die Fragestellung – für den jeweiligen Akteur relevant?
	• Welche Rolle weist er/sie ihnen zu und in welchem Verhältnis steht er/sie zu ihnen? Wie charakterisiert er/sie die Beziehungen der anderen Elemente in der Konstellation?
	• Wie schätzt er/sie den eigenen Einfluss auf die anderen Elemente der Konstellation ein? Welche Elemente hält er/sie für einflussreich?
2. Bestimmung des Kerns der Perspektivkartierungen	• Welche/s Element/e steht/en im Zentrum aller Perspektiven?

Perspektivkartierungen vergleichen und rückkoppeln	
1. Rückkopplung der Kartierungen mit den Akteuren	• Ist die Perspektive richtig erfasst? Sind die Akteure mit der Kartierung einverstanden? Welche Veränderungen werden auf Grund der Rückkopplung vorgenommen?
2. Vergleich der Perspektivkartierungen	• Welche Elemente, Beziehungen oder Strukturen tauchen in allen kartierten Perspektiven auf? Werden damit tatsächlich dieselben Dinge benannt?
3. Analyse der Unterschiede und Gemeinsamkeiten	• Welche Elemente lassen auf Gemeinsamkeiten, welche auf Unvereinbarkeiten der Perspektiven schließen?
	• Was lässt sich aus der Rückkopplung mit den Akteuren für die Gemeinsamkeiten und Unterschiede zwischen den Perspektiven schließen?
Zusammenfassung der Ergebnisse	

4.4 Empirisch-analytische Teilergebnisse in interdisziplinären Forschungsprojekten integrieren

In diesem Kapitel wird dargestellt, wie interdisziplinäre Forschungsprojekte mit Hilfe der Konstellationsanalyse ihre empirisch-analytischen Teilergebnisse aufeinander beziehen und übergreifende Erkenntnisse erarbeiten können. Ziel ist es, ein von allen beteiligten Forscherinnen und Forschern getragenes gemeinsames Ergebnis zu formulieren, mit dem inner- und/oder außerwissenschaftlich weitergearbeitet werden kann.

Inter- und multidisziplinäre Forschungsprojekte sind häufig als Verbünde disziplinärer Teilprojekte organisiert, in denen arbeitsteilig aus unterschiedlichen Perspektiven eine gemeinsame Problemstellung untersucht wird. Wird die Problemstellung an einem gemeinsamen Untersuchungsgegenstand abgearbeitet, dann kann der Verbund mit der Konstellationsanalyse so vorgehen, wie es an den Beispielen des ReUse-Projekts (Kapitel 2 und Kapitel 4.1) oder der Innovationsbiographie Windenergie (Kapitel 4.2) dargestellt wurde. Wird die Problemstellung allerdings an verschiedenen empirischen Gegenständen untersucht, so ist die Integration der empirisch-analytischen Teilergebnisse schwieriger: Die Forscherinnen und Forscher müssen stärker von den spezifischen empirischen Sachverhalten abstrahieren und nach Teilprojekt übergreifenden Erkenntnissen fahnden. Sie laufen dabei Gefahr, entweder um der Integration der Ergebnisse Willen die eigenen empirisch-analytischen Erkenntnisse zurechtzubiegen oder den Blick über den eigenen Tellerrand und somit die Integration der Ergebnisse nicht zu schaffen. Die wissenschaftliche Herausforderung besteht also darin, über das unterschiedliche empirische Material hinweg (disziplinäre) empirisch-analytische Teilprojekt-Ergebnisse aufeinander zu beziehen und verallgemeinerbare Erkenntnisse ebenso zu formulieren wie etwaige Dissonanzen herauszuarbeiten und festzuhalten. Dabei müssen meistens die Grenzen der in den Disziplinen theoretisch und methodisch abgesicherten Erkenntnisse überschritten werden.

Das Vorgehen mit der Konstellationsanalyse wird am Beispiel des Forschungsverbunds „Blockierter Wandel?" (siehe Kasten) dargestellt. In diesem Verbund bestand die Herausforderung darin, die Erkenntnisse über dichotome Denk- und Handlungsmuster als mögliche Blockaden in der nachhaltigen Regionalentwicklung, die an sehr unterschiedlichen empirischen Untersuchungsgegenständen erarbeitet wurden, aufeinander zu beziehen und herauszufinden, worin das übergeordnete Gemeinsame besteht (dazu ausführlich in: Forschungsverbund „Blockierter Wandel?" 2006). An diesem Beispiel werden folgende Fragen beantwortet:

- Wie können die empirisch-analytischen Ergebnisse der Teilprojekte im Hinblick auf die übergreifende Fragestellung systematisch gesichtet und aufeinander bezogen werden?

- Wie können auf der Basis der Teilprojekt-Ergebnisse übergreifende Deutungen herausgearbeitet werden, die (1) von allen Projektbeteiligten mitgetragen werden und mit denen (2) wissenschaftlich und/oder außerwissenschaftlich weiter gearbeitet werden kann?

Der Forschungsverbund „Blockierter Wandel? Denk- und Handlungsräume für eine nachhaltige Regionalentwicklung"

Der Forschungsverbund untersuchte im Rahmen der Sozial-ökologischen Forschung am Beispiel der Region Mulde-Mündung, warum trotz fast zehnjähriger Bemühungen um eine nachhaltige Regionalentwicklung der Prozess nur schleppend vorankommt (vgl. Forschungsverbund „Blockierter Wandel?" 2006). Der Verbund ging in seinen Hypothesen davon aus, dass dichotom strukturierte Denk- und Handlungsmuster, wie beispielsweise Kultur versus Natur und Markt- versus Versorgungswirtschaft, die Umsetzung des Leitbildes der nachhaltigen Entwicklung blockieren und dass diese Dichotomien geschlechtsspezifisch kodiert und hierarchisch gestützt sind. Diese Dichotomien – so die These – blenden in Entscheidungs- und Handlungsprozessen gegenseitige Abhängigkeiten und Bedingtheiten der jeweiligen Pole aus und verhindern Verständigungen über nachhaltige Lösungen.

Diese These wurde in sechs Teilprojekten an sehr unterschiedlichen empirischen Gegenständen untersucht: (1) an Tätigkeiten zwischen Markt-, Versorgungs- und Gemeinwesenarbeit; (2) an der wasserwirtschaftlichen Infrastruktur zwischen naturräumlichen Gegebenheiten, öffentlicher Organisation und haushälterischer Nutzung; (3) an Bildungs-/Weiterbildungsformen zwischen Alltags-, Erfahrungs- und professionellem Wissen; (4) am Biosphärenreservat Mittlere Elbe zwischen Naturschutz- und Naturnutzungskonzeptionen; (5) am Hochwasserschutz zwischen der Natur gemäßen und die Natur beherrschenden technischen Rationalitätsmustern;[22] (6) an der Umsetzungsregion „Mulde-Mündung" zwischen wissenschaftlicher und regionaler Wissensproduktion.

Anders als in den vorangegangenen Anwendungsbereichen wird hier mit der Konstellationsanalyse auf einer Meta-Ebene gearbeitet: Im Forschungsfokus steht nicht ein gemeinsamer Untersuchungsgegenstand; vielmehr sollen empirisch-analytische Teilergebnisse, die zur Lösung eines gemeinsamen Problems an jeweils anderen Untersuchungsgegenständen gewonnen wurden, auf einer übergeordneten Ebene integriert werden. Dazu wurde wie folgt vorgegangen: Die Forscherinnen und Forscher hatten ihre vorläufigen Teilprojekt-Ergebnisse sowie erste Thesen dazu, welche Aspekte aus ihrer jeweiligen Perspektive übergreifend relevant sein könnten, schriftlich vorgelegt

---

[22] Vgl. Kapitel 4.3: Perspektivenvielfalt strukturieren.

und mündlich erläutert. Auf dieser Basis hatten drei Verbundmitglieder, die das Konstellationsanalyse-Team bildeten, mit Hilfe der Konstellationsanalyse – ebenfalls thesenartig – übergeordnete Gemeinsamkeiten herausgearbeitet. Diese wurden in mehreren mit schriftlichen Erläuterungen versehenen Grafiken im Verbund vorgelegt und aus der Sicht der Teilprojekte kommentiert. Daraufhin wurden Grafiken und Text überarbeitet und wieder in den Verbund eingespeist, wo sie als Fokussierung bei der weiteren Auswertung der Teilprojekt-Ergebnisse dienten. In einem letzten Arbeitsschritt flossen die so fokussierten Teilprojekt-Ergebnisse in die weitere Ausarbeitung und Präzisierung der übergreifenden Erkenntnisse ein.

4.4.1 Zusammenführung der Teilprojekt-Ergebnisse in einer Gesamtdarstellung

Ziel dieses Arbeitsschrittes ist es, den Beitrag der empirisch-analytischen Ergebnisse der Teilprojekte zur übergreifenden Fragestellung des Forschungsverbundes sichtbar zu machen und erste mögliche Antwortmuster zu identifizieren. Leitfragen sind:
- Wie lautet die Fragestellung für die Ergebnisintegration?
- Welche Beiträge liefern die verschiedenen Teilprojekte zur Beantwortung dieser Fragestellung?
- Sind Teilprojekt übergreifende Ordnungsmuster und/oder Elemente erkennbar?

Explizierung der Fragestellung für die Ergebnisintegration

Bevor die Teilprojekte schriftlich und mündlich ihre Beiträge zur übergreifenden Fragestellung abliefern, sollte diese noch einmal explizit formuliert werden, um Missverständnisse auszuschließen und möglichst große Klarheit und Eindeutigkeit herzustellen.

Sichtung der übergreifenden Aspekte nach Teilprojekten

Zur Vorbereitung dieses Arbeitsschrittes müssen die Teilprojekte ihre empirisch-analytischen Ergebnisse zusammenfassen und thesenartig formulieren, welche der vorgefundenen Aspekte für die Beantwortung der übergreifenden Fragestellung relevant sein könnten. Empfehlenswert ist hierfür eine Mischung aus schriftlicher Zusammenfassung und kurzem mündlichen Vortrag im Verbundteam, der Nachfragen ermöglicht und somit das gemeinsame Verständnis fördert.

Auf dieser Grundlage sichtet das Konstellationsanalyse-Team die Teilprojekt-Ergebnisse und erstellt eine erste Kartierung. Damit die Forscherinnen und Forscher des Verbundprojekts den übergreifenden Auswertungsprozess nachvollziehen können, muss diese Kartierung zwei Anforderungen folgen: (1) Sie nimmt alle genannten Aspekte auf; (2) sie macht die Herkunft der Nennungen kenntlich. In einem Begleittext beschreibt das Konstellationsanalyse-Team, was gemacht wurde und welche Auswahlentscheidungen gegebenenfalls getroffen wurden.

Am Beispiel „Blockierter Wandel?" stellt sich das wie folgt dar:
Die grundlegende Fragestellung für die Ergebnisintegration lautet: Welche Muster und Elemente, die in den Untersuchungsfeldern der Teilprojekte als eine nachhaltige Entwicklung blockierend identifiziert wurden, sind möglicherweise Teilprojekt übergreifend relevant?

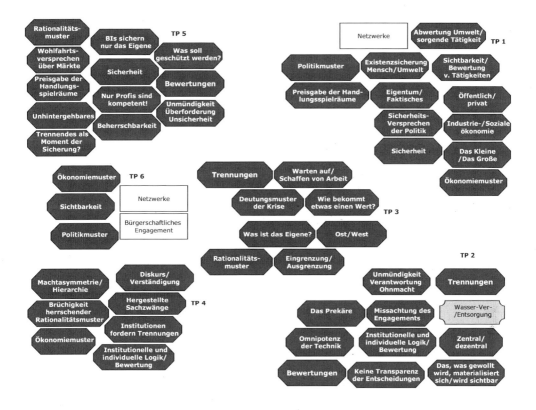

Abbildung 34: Gesamtdarstellung der Teilprojekt-Ergebnisse nach Teilprojekten

In Abbildung 34 wurden alle Nennungen der Teilprojekte kartiert. Einziges Ordnungskriterium ist die Herkunft der Nennungen. Die Elemente werden also nach Teilprojekten geclustert. Diese Zusammenstellung der vorläufigen empirisch-analytischen Teilprojekt-Ergebnisse ist das empirische Material, mit dem das Konstellationsanalyse-Team die Integration der Teilprojekt-Ergebnisse vorantreibt. Eine ausführliche Erläuterung der Teilprojekt-Nennungen würde hier allerdings den Rahmen sprengen. Dennoch soll auf einige Auffälligkeiten dieser Kartierung eingegangen werden:

Zunächst einmal ist die Anzahl der Zeichenelemente überwältigend. Dafür kann es mehrere Gründe geben: (1) Die Fragestellungen des Forschungsverbunds richten den Blick sehr stark auf politische, ökonomische oder kulturelle Muster – diese Muster wurden von allen Teilprojekten auch als übergreifende Hintergründe für die Blockaden genannt. (2) Die hier als Zeichenelemente klassifizierten Aspekte können auch als Elemente-Bündel betrachtet werden. Wenn man auf diese Bündel zoomt, sie also differenzierter auflöst, verschwindet möglicherweise die Dominanz der Zeichenelemente. (3) Ihre Dominanz kann jedoch auch auf eine Vernachlässigung der anderen Elemente – Akteure, Umwelt, technische Artefakte – hindeuten.

Zweitens sind die vergleichsweise wenigen Nennungen aus Teilprojekt 6 auffällig. Sie resultieren aus dem Umstand, dass die für Teilprojekt 6 zuständige Wissenschaftlerin an dem mündlichen Vortrag der übergreifenden Aspekte nicht teilnehmen konnte, was deren Erfassung durch das Konstellationsanalyse-Team erschwerte. Dies verdeutlicht, wie wichtig der persönliche Austausch ist.

Drittens sind die Elemente noch nicht präzise benannt und zum Teil als Frage formuliert. Zudem liegen sie auf verschiedenen Ebenen, sind zum Teil grundsätzlicher, zum Teil konkreter Natur. Da es sich um erste Nennungen auf der Basis vorläufiger Teilprojekt-Ergebnisse handelt, muss dies nicht beunruhigen.

Identifizierung eines übergreifenden Ordnungsmusters

Ziel dieses Arbeitsschrittes ist es, die Zuordnung der Elemente zu den Teilprojekten zu lösen und sie Teilprojekt übergreifenden Themen zuzuweisen. Da die Nennungen der Teilprojekte auf verschiedenen Ebenen liegen, ist es sinnvoll, die Teilprojekt-Ergebnisse zunächst auf übergreifende Deutungen oder Abstraktionen ihrer Ergebnisse zu untersuchen. So erhält man möglicherweise erste Hinweise auf ein übergreifendes Ordnungsmuster für die Teilprojekt-Ergebnisse.

Die zentrale Frage ist also: Welche übergreifenden Themen und Aspekte scheinen auf, die als Teilprojekt übergreifende Ordnungsmuster geeignet sind? Diese werden auf der Basis der schriftlichen und mündlichen Teilprojekt-Berichte einerseits und der grafischen Gesamtschau andererseits herausgearbeitet und dann – im nächsten Arbeitsschritt – dem praktischen Test unterzogen, ob sich die in der Gesamtschau kartierten Elemente in ihrer überwiegenden Zahl zuordnen lassen.

Am Beispiel „Blockierter Wandel?" stellt sich das wie folgt dar:

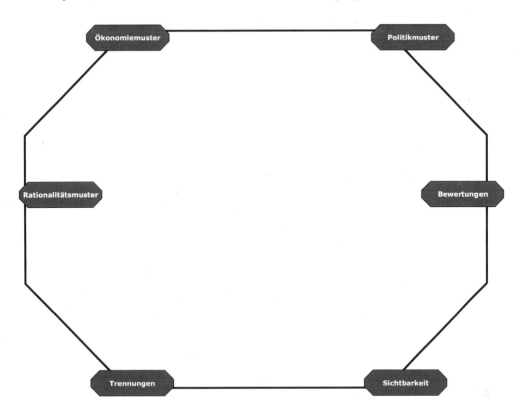

Abbildung 35: Übergreifendes Ordnungsmuster

Die Suche nach übergreifenden Deutungen zur Frage, was in den Untersuchungsfeldern der Teilprojekte eine nachhaltige Entwicklung blockiert, verweist auf sechs Elemente, die jeweils von mehreren Teilprojekten genannt wurden: Politikmuster, Ökonomiemuster, Rationalitätsmuster, Sichtbarkeit, Trennungen, Bewertungen. Diese Elemente scheinen als übergreifendes Ordnungsmuster geeignet und werden zunächst als Rahmen der Konstellation kartiert.

Zuordnung der Teilprojekt-Ergebnisse zum übergreifenden Ordnungsmuster

Nun werden die von den Teilprojekten genannten Elemente (siehe Abbildung 34) dem übergreifenden Ordnungsmuster entsprechend kartiert. Ziel dieses Arbeitsschrittes ist zweierlei: (1) Das – bislang vorläufige – übergreifende Ordnungsmuster wird auf seine Eignung als solches überprüft: Lässt sich die überwiegende Zahl der Elemente diesem Muster zuordnen? Wie muss es gegebenenfalls verändert werden? (2) Das neue Bild, das sich durch die Kartierung der Elemente nach dem übergreifenden Ordnungsmuster ergibt, soll beschrieben werden. Die Fragen hierzu lauten: Welches Bild ergibt sich aus der neuen Kartierung der Elemente? Wie kann es beschrieben werden? Kann es bereits interpretiert werden?

Am Ende dieses Arbeitsschrittes sind alle von den Teilprojekten genannten Elemente nach einem Teilprojekt übergreifenden Ordnungsmuster kartiert. In einem Begleittext beschreibt das Konstellationsanalyse-Team, was gemacht wurde und welche Entscheidungen gegebenenfalls getroffen wurden.

Am Beispiel „Blockierter Wandel?" stellt sich das wie folgt dar:
Die Kartierung der von den Teilprojekten genannten Elemente entsprechend des übergreifenden Ordnungsmusters hat grundsätzlich zu einem zufrieden stellenden Ergebnis geführt: Mehr als die Hälfte der Elemente kann zugeordnet und somit in unmittelbarer Nähe der sechs Ordnungs-Elemente kartiert werden.

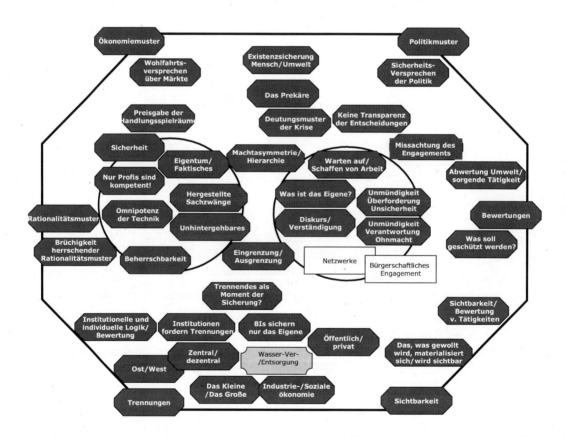

Abbildung 36: Übergreifende Gesamtdarstellung der Teilprojekt-Ergebnisse

Darüber hinaus formieren sich in der Mitte zwei Elemente-Gruppen, die zwar auch Bezüge zu den Ordnungs-Elementen aufweisen, die aber stärker noch von je eigenen Kohärenzen zusammen gehalten werden: Sie können als empirische Bestandteile zweier Sphären, die sich in vielerlei Hinsicht dichotom gegenüber stehen, verstanden und kartiert werden.

Den Zusammenhang zwischen den Elementen des übergreifenden Ordnungsmusters im äußeren Ring und den beiden Sphären im Inneren stellte das Konstellationsanalyse-Team thesenartig wie folgt dar: Die beiden Sphären unterscheiden sich hinsichtlich ihrer jeweils dominierenden Politik-, Ökonomie- und Rationalitätsmuster voneinander. Das Verhältnis zwischen den beiden Sphären kann mit Hilfe der Elemente Sichtbarkeit, Trennungen und Bewertungen beschrieben werden, ist hierarchisch strukturiert und über Ein- und Ausgrenzungen operationalisiert.

4.4.2 Kartierung der Konstellation

Ziel dieses Arbeitsschrittes ist es, die Konstellation, an der der Forschungsverbund seine Fragestellungen abarbeitet, in ihren wesentlichen Elementen, Relationen und Teilkonstellationen zu erfassen und zu kartieren. Das Ergebnis dieses Arbeitsschrittes – die grafische Darstellung und die schriftliche Interpretation der Konstellation – wird vom Konstellationsanalyse-Team im Forschungsverbund vorgestellt und von den Teilprojekten bestätigt, korrigiert oder zurückgewiesen. Leitfragen sind:

- Welches sind die wichtigen, die Konstellation charakterisierenden Elemente und Relationen?
- Können in der Konstellation charakteristische Teilkonstellationen identifiziert werden?
- Gibt es Widersprüche oder Ungereimtheiten in der Konstellation?

Charakteristische Elemente und Relationen der Konstellation

Nun gilt es, aus der Fülle der in der Gesamtdarstellung kartierten Elemente (Abbildung 36) diejenigen herauszufiltern, die für die Beschreibung und Interpretation der Konstellation zentral und charakteristisch sind. Dann müssen diese Elemente zueinander in Relation gesetzt werden: Welche stehen eng beieinander? Welche sind durch für die Konstellation bedeutsame Relationen miteinander verknüpft? Ziel ist es, mit einer reduzierten Zahl an Elementen und der Kartierung ihrer Beziehungen die Konstellation auf den Punkt zu bringen, das heißt treffend zu beschreiben und zu interpretieren.

Es gibt für das konkrete Vorgehen keine verallgemeinerbaren Leitlinien. Das Konstellationsanalyse-Team muss hier mit besonderer Sorgfalt arbeiten, da mit der Auswahl der Elemente und Relationen sowie der Charakterisierung der Gesamtkonstellation wichtige Vorentscheidungen für die Integration der Teilprojekt-Ergebnisse fallen. Das Team muss seine Ergebnisse einer vorbehaltlosen Diskussion im Forschungsverbund stellen und auch mit der Möglichkeit rechnen, dass der erhebliche

Zeit- und Arbeitsaufwand, den es in die Herausarbeitung der Gesamtkonstellation gesteckt hat, nicht zu einem akzeptierten und damit tragfähigen Ergebnis führen kann.

Am Beispiel „Blockierter Wandel?" stellt sich das wie folgt dar:
Der äußere Ring mit den Elementen Politikmuster, Ökonomiemuster, Rationalitätsmuster, Bewertungen, Sichtbarkeit und Trennungen ist die Perspektive, mit der der Forschungsverbund auf die Blockaden und ihre Hintergründe in den untersuchten Feldern der nachhaltigen Regionalentwicklung schaut. Dieser Rahmen ist nicht Teil der Konstellation, sondern verdeutlicht den Blickwinkel des Forschungsverbunds auf die Konstellation.

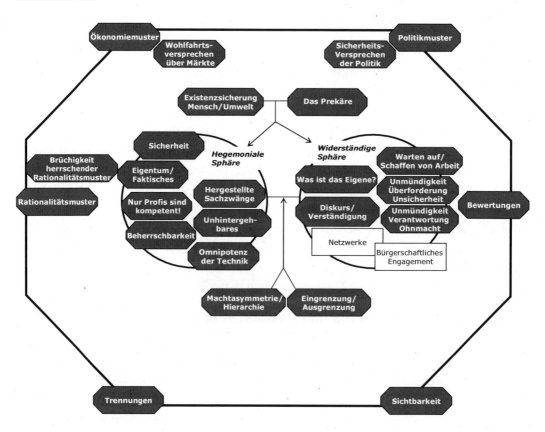

Abbildung 37: Konstellation „Blockierter Wandel?"

Charakteristisch für die Konstellation „Blockierter Wandel?" scheint nach dieser ersten Auswertungsrunde Folgendes zu sein (siehe Abbildung 37): In der Region Mulde-Mündung sind zwei Sphären vorzufinden, die sich hinsichtlich ihrer Denk- und Handlungsmuster unterscheiden; darauf deuten die den Sphären zugeordneten Elemente hin. Das Verhältnis der beiden Sphären zueinander ist hierarchisch und von einer stark asymmetrischen Machtverteilung geprägt, die sich in strukturellen und alltäglichen Ein- und Ausgrenzungsmechanismen umsetzt. Sie werden als „Hegemoniale Sphäre" und „Widerständige Sphäre" bezeichnet.

Beide Sphären stehen unter dem Eindruck und dem Einfluss der brüchig werdenden kulturellen, politischen und ökonomischen Muster der hegemonialen Sphäre: Weder das Wohlfahrtsversprechen noch das Sicherheitsversprechen oder das kulturelle Muster der Beherrschbar- und Berechenbarkeit der sozialen und ökologischen Mitwelt können in der Region eingehalten werden. Beide Sphären versuchen mit ihren je eigenen Mitteln, in denen dichotome Denk- und Handlungsmuster erkennbar werden, mit der um sich greifenden Unsicherheit, der prekären Existenzsicherung von Mensch und Umwelt umzugehen. Zur Überwindung der Blockaden in der nachhaltigen Regionalentwicklung müssen, so die These, die beiden Sphären mittels neuer Bezogenheiten durchlässiger und gleichwertiger werden.

Charakteristische Teilkonstellationen

Das hohe Abstraktionsniveau der Konstellation ist erforderlich, um Teilprojekt übergreifende Gemeinsamkeiten erkennen und fassen zu können. Die Überprüfung dieser Konstellationsbeschreibung durch die Teilprojekte wird durch eine Konkretisierung jedoch erleichtert. Was abstrakt als ‚klar' erscheint, wirft im Konkreten häufig Fragen auf, die möglicherweise zu einer verbesserten Konstellationsbeschreibung führen. Die Identifizierung von Teilkonstellationen, die als ein in sich kohärenter Ausschnitt detaillierter beschrieben werden können, erhöht die Auflösung des Bildes und damit das Verständnis der vom Konstellationsanalyse-Team vorgelegten Beschreibung und Charakterisierung. Können in sich kohärente Teilkonstellationen identifiziert, herausgelöst und eigenständig beschrieben werden?

Am Beispiel „Blockierter Wandel?" stellt sich das wie folgt dar:
In der Konstellation „Blockierter Wandel?" können die beiden Sphären als zwei unterschiedliche, in sich kohärente Teilkonstellationen beschrieben werden. Die hegemoniale Teilkonstellation kann als dominante und die widerständige als Nischenkonstellation charakterisiert werden.

Das Interesse des Forschungsverbunds richtet sich im Folgenden auf die neuen Bezogenheiten zwischen den beiden Teilkonstellationen – die vermutete Voraussetzung für die Überwindung der Blockaden in der nachhaltigen Regionalentwicklung. Diese zeigen sich am deutlichsten an der Schnittstelle des brüchigen Hegemonialen mit dem widerständigen Neuen. Der Fokus in der folgenden Beschreibung und Kartierung der Teilkonstellationen liegt daher auf der Herausarbeitung der Brüchigkeit der hegemonialen Teilkonstellation (siehe Abbildung 38) einerseits und auf der Herausarbeitung der Stärken der widerständigen Teilkonstellation (siehe Abbildung 39) andererseits.

Die Schwachstellen der hegemonialen Teilkonstellation liegen vor allem darin, dass für Natur und Gesellschaft grundlegende Versprechen nicht mehr eingehalten werden können. Dies hat zur Folge, dass für wachsende Teile von Natur und Gesellschaft die Existenzsicherung prekär und dementsprechend die Suche nach und das Ausprobieren von neuen Ideen für eine nachhaltigere Existenzsicherung befeuert wird.

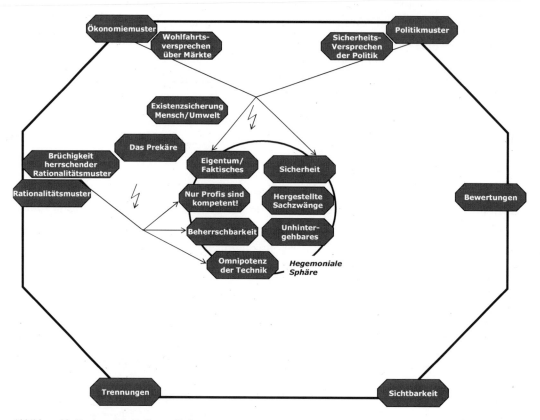

Abbildung 38: Hegemoniale Teilkonstellation

Die herrschenden politischen und ökonomischen Muster setzen zur Einlösung ihres Sicherheits- und Wohlstandsversprechens auf Marktkoordination und Eigentum sowie auf soziale Sicherheit durch Erwerbsarbeit – Kategorien und Konzepte, die in der Untersuchungsregion Mulde-Mündung (und anderswo) seit mehr als zehn Jahren für große Bevölkerungsteile nicht mehr greifen. Die unübersehbaren Krisenerscheinungen werden in der hegemonialen Sphäre mit einem fast reflexhaften ‚Mehr vom Gleichen' zu bekämpfen versucht.

Auch das hegemoniale Rationalitätsmuster, das auf dem Zusammenwirken der wissenschaftlichen und fachlichen Professionellen mit dem technisch Möglichen beruht und auf die Berechnung und Beherrschung von Natur und Gesellschaft zielt, wird brüchig. Beobachten kann man das beispielsweise an der Suche nach einer neuen Hochwasserschutzpolitik nach dem verheerenden Elbe-Hochwasser 2002 und am Umgang mit dem Problem des Nachfragerückgangs im Wasser- und Abwasserbereich infolge der anhaltenden Schrumpfung der Bevölkerungszahlen.

Die widerständige Teilkonstellation ist weit weniger stabil als ihr hegemoniales Pendant. Sie ist ebenso fragil und veränderlich wie veränderungsfähig, was ihre Stärke und ihre Schwäche zugleich ist.

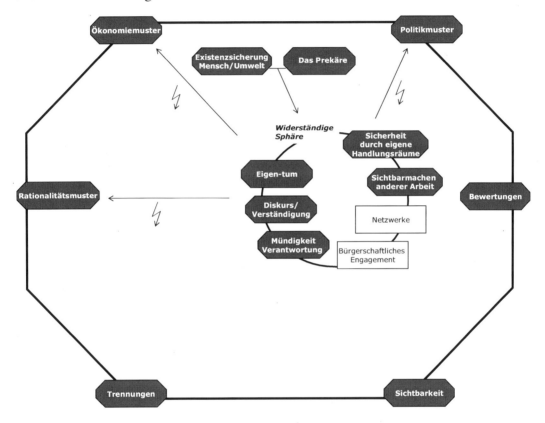

Abbildung 39: Widerständige Teilkonstellation

Ihre entwicklungsfähigen Stärken liegen in der vergleichsweise stärkeren Betonung und höheren Bewertung der eigenen Handlungsräume und Fähigkeiten als Grundlage der Existenzsicherung von Mensch und Umwelt – eine Haltung, die vor allem, aber nicht nur von den unzulänglich eingelösten, großen Versprechen der hegemonialen Sphäre gespeist wird, sich aber noch auf der Suche nach dem Eigenen, das nicht nur ein schlichtes Gegenmodell zum Hegemonialen sein soll, befindet. Die Bereitschaft für sich, Andere und Anderes Verantwortung zu übernehmen, drückt sich beispielsweise in dem nur vordergründig nicht entlohnten Engagement in Gemeinwesenarbeit oder Umweltschutz sowie im Aufbau gemischtwirtschaftlicher Organisationen mit anderen Eigentumsformen und -bindungen aus (was in der eigentümlichen Schreibweise des Elementes „Eigen-tum" gespiegelt wird). Die Zusammenarbeit der Eigensinnigen basiert auf der Selbstorganisation in verschiedenen Formen und Intensitäten, die nach dem Prinzip der diskursiven Verständigung agieren, was als ebenso anstrengend wie nachhaltig erlebt wird. Die Fragilität der widerständigen Sphäre resultiert vor allem aus ihrem Spannungsverhältnis zu den hegemonialen Politik-, Ökonomie- und Rationalitätsmustern, die die Aktivitäten in dieser Sphäre kaum unterstützen, bestenfalls ignorieren und oft behindern.

Widersprüche und Ungereimtheiten
Möglicherweise trifft das Konstellationsanalyse-Team auf Widersprüche in den Ergebnissen der verschiedenen Teilprojekte. Solche Widersprüche oder Ungereimtheiten müssen herausgearbeitet und dem Forschungsverbund möglichst präzise zur Diskussion gestellt werden. Ziel ist es, sie einer weiteren Bearbeitung und möglichen Klärung zugänglich zu machen. Die zentralen Fragen lauten demnach: Gibt es in den Teilprojekt-Ergebnissen Elemente und/oder Deutungen, die nicht sinnvoll in die Konstellationsbeschreibung integriert werden konnten? Stehen diese im Widerspruch zur vorliegenden Beschreibung, Kartierung und Interpretation der Konstellation?

Im Beispielprojekt „Blockierter Wandel?" war dies nicht der Fall.

4.4.3 Überprüfung und Präzisierung der Konstellationsbeschreibung
Ziel dieses Arbeitsschrittes ist es, die vorläufige Konstellationsbeschreibung zu einer von allen Teilprojekten getragenen Kartierung, Beschreibung und Interpretation der Konstellation zu entwickeln. Dazu muss sie – über den vom Konstellationsanalyse-Team gerade absolvierten Test hinaus – von den *Teilprojekten* auf Konsistenz mit den jeweils eigenen Ergebnissen überprüft und gegebenenfalls korrigiert oder präzisiert werden. Leitfragen sind:
- Ist aus der Sicht der Teilprojekte die Konstellation mit den Teilprojekt-Ergebnissen vereinbar? Gibt es Widersprüche oder Ungereimtheiten?
- Wie kann die Konstellation präziser dargestellt werden? Muss sie anders interpretiert werden?

Dieser Arbeitsschritt der Ergebnisintegration muss in der Regel mehrfach durchlaufen werden.

Abgleich der Konstellationsbeschreibung mit den Teilprojekt-Ergebnissen

Grundlage für den Abgleich mit den Teilprojekt-Ergebnissen ist die schriftliche Vorlage der Konstellationsbeschreibung und -kartierung durch das Konstellationsanalyse-Team, die möglichst mit einer mündlichen Erläuterung untersetzt werden sollte. Wesentlich ist dabei, dass die Vorarbeiten des Konstellationsanalyse-Teams transparent und nachvollziehbar dargestellt werden. Anschließend kommentieren reihum alle Teilprojekte die Konstellationsbeschreibung: Finden sich die eigenen Ergebnisse darin wieder, fehlen wichtige Ergebnisse oder Deutungen? Stehen die eigenen Ergebnisse im Widerspruch dazu? Kann die Konstellationsbeschreibung konkretisiert werden?

Im Falle widersprüchlicher Kommentare oder zwischen verschiedenen Teilprojekten strittiger Punkte sollte versucht werden, eine Klärung während der Anwesenheit aller Teilprojekte herbeizuführen. Das ist in den meisten Fällen fruchtbarer und weniger mühevoll als eine über das Konstellationsanalyse-Team vermittelte Auseinandersetzung.

Am Beispiel „Blockierter Wandel?" stellt sich das wie folgt dar:
Die Kommentierung der vorläufigen Konstellationsbeschreibung durch die Teilprojekte brachte im Wesentlichen folgende Ergebnisse:[23]

- Die Teilprojekte konstatierten alle, dass die Konstellationsbeschreibung grundsätzlich mit ihren Ergebnissen konform gehe, sie treffend darstelle und interpretiere.
- Kritisiert wurden die Bezeichnungen der beiden Sphären, weil sie deren Charakter nicht widerspruchsfrei wiedergäben. Hier schloss sich eine längere Diskussion an, bei der die konstatierten Widersprüche letztendlich in gemeinsam getragenen Bezeichnungen aufgelöst werden konnten. Dabei wurden zahlreiche Hinweise für eine präzisere Beschreibung der Konstellation geliefert.
- Die Sphären stehen sich nicht als monolithische Blöcke gegenüber, sondern sind über zahlreiche Personen und Aktivitäten miteinander verbunden. Auch innerhalb der Sphären sind dichotome Denk- und Handlungsmuster beobachtbar.

Präzisierung und Korrektur der Konstellationsbeschreibung

Nun gilt es, die Anregungen, Korrekturen und Präzisierungen der Teilprojekte in einer Überarbeitung der Konstellationsbeschreibung und -kartierung umzusetzen. Je nach dem Ausmaß und der ‚Eingriffstiefe' der Teilprojekt-Kommentare kann das Vorgehen sehr unterschiedlich sein: (1) Das Konstellationsanalyse-Team überarbeitet die Kon-

---

23 Da hier das methodische Vorgehen mit der Konstellationsanalyse dargestellt wird, werden nur einige exemplarische Überarbeitungsvorschläge des Forschungsverbunds „Blockierter Wandel?" erwähnt. Tatsächlich verlief der Kommentierungs- und Überarbeitungsprozess in mehreren Schleifen und brachte zahlreiche weitere Präzisierungen hervor. Für eine ausführliche Darstellung der Forschungsergebnisse vgl. Forschungsverbund „Blockierter Wandel?" 2006.

stellationsbeschreibung in Eigenregie auf der Basis der vorangegangenen Debatte; (2) das Konstellationsanalyse-Team agiert in Kooperation mit einem oder mehreren Teilprojekten; (3) der Forschungsverbund überarbeitet die Konstellationsbeschreibung gemeinsam.

Mit Ausnahme des letzten Falles muss das Resultat der Überarbeitung auf jeden Fall noch einmal in den Forschungsverbund eingespeist und von diesem bestätigt oder in eine weitere Überarbeitungsschleife geschickt werden. Bleiben dennoch nicht integrierbare Teilergebnisse übrig, so sollten diese Diskrepanzen festgehalten werden, um sie einer weiteren Forschung zugänglich zu machen und/oder bei – außerwissenschaftlichen – Entscheidungen berücksichtigen zu können.

Am Beispiel „Blockierter Wandel?" stellt sich das wie folgt dar:

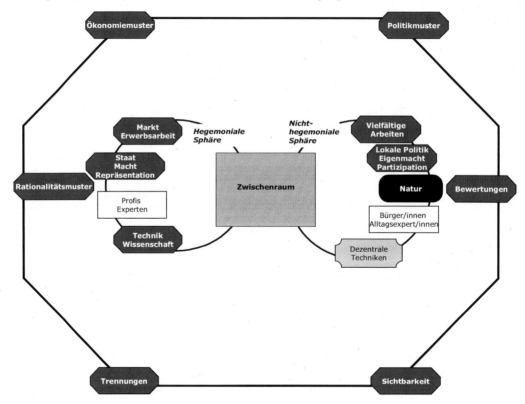

Abbildung 40: Abgestimmte Konstellation „Blockierter Wandel?"

Das Grundmuster der Kartierung wurde beibehalten. Geändert wurde die Bezeichnung „Widerständige Sphäre" in „Nicht-hegemoniale Sphäre". Sie ist nicht ausschließlich widerständig gegenüber der hegemonialen Sphäre, sondern trägt auch Züge des vom Hegemonialen Untergeordneten, Abgespaltenen und Ausgegrenzten. Folgen sind beispielsweise Unsicherheit (materiell, ideell und mit Blick auf die eigene Identität), Ohnmacht (teils verbunden mit Passivität und Warten auf bessere Verhältnisse, auf Wachstum, auf die Schaffung von Arbeit) und Überforderung (siehe die entsprechenden Elemente in den Abbildungen 34, 36 und 37). Auch die Auswahl und Bezeichnung der für die beiden Sphären charakteristischen Elemente wurde verändert, um die unterschiedlichen Politik-, Ökonomie- und Rationalitätsmuster zu verdeutlichen.

Eingefügt wurde ein so genannter Zwischenraum, der die beiden Sphären miteinander verbindet. Die Teilprojekte konnten beobachten, dass die Brüchigkeiten in der hegemonialen Sphäre sowohl Unsicherheit als auch Handlungsraum in beiden Sphären schaffen: Einige Akteure beginnen, die Produktivität der Menschen in der nicht-hegemonialen Sphäre wahrzunehmen und über deren Rolle nachzudenken. Andere, die trotz der Zugehörigkeit zur hegemonialen Sphäre widerständig sind (zum Beispiel Mitglieder von Verwaltungen, die Handlungsspielräume wahrnehmen, oder Wissenschaftlerinnen und Wissenschaftler) nutzen die Unsicherheit zur Ausdehnung ihrer Unterstützung von Akteuren und ihren Projekten in der nicht-hegemonialen Sphäre. So entsteht, gespeist durch Aktivitäten von Menschen in beiden Sphären, ein Verbindungsglied zwischen ihnen.

Durch diesen krisenhaften Prozess entsteht somit Raum für neue Konzepte und Initiativen. Diese können sich, wie oben deutlich wurde, sowohl in der hegemonialen als auch in der nicht-hegemonialen Sphäre entwickeln. Sie bilden die Zwischenräume aus, angesiedelt etwa zwischen schrumpfender Erwerbsökonomie und neuen Tätigkeitsnetzen, zwischen überdimensionierter Infrastruktur und dezentralen Selbstversorgungsansätzen. Zwischenräume sind in der gegenwärtigen Situation Einzel- oder Sonderfälle; sie müssen selbst hergestellt, selbst organisiert und erhalten werden. Sie haben kaum unterstützende (Infra-)Struktur und sind insofern prekär. Wenn es jedoch gelingt, auf die genannten Krisenphänomene *nicht* mit einer Zementierung vorhandener und vorherrschender Rationalitätsmuster (wie derzeit etwa die Externalisierung aller nicht-erwerblichen Tätigkeiten) zu antworten, dann eröffnen sich neue Möglichkeitsräume. Für die Zwischenräume bedeutet das, dass sie auf mögliche Wege zur Überwindung von Blockaden und auf andere Beziehungen zwischen den beiden Sphären hinweisen (vgl. Forschungsverbund „Blockierter Wandel?" 2006).

4.4.4 Fazit

Die Konstellationsanalyse ermöglicht es, komplexe und vielgestaltige Teilprojekt-Ergebnisse systematisch zu sichten und aufeinander zu beziehen. Die grafische Darstellung der Ergebnisse hat sich einmal mehr als für den Diskussionsprozess ebenso unterstützend wie klärend erwiesen. Zudem ermöglicht sie eine schrittweise Reduktion der anfangs überbordend erscheinenden Komplexität bis zur Herausarbeitung der charakteristischen Elemente und Relationen der Konstellation.

Mit dem Einbringen der Teilprojekt-Ergebnisse in die abstrahierende Darstellung und Kartierung kann die Konstellation wieder mit empirischem Leben erfüllt, präzisiert und validiert werden. Mit jedem Durchlaufen der hier beschriebenen Arbeitsschritte nähert sich der Forschungsverbund dem Ziel eines fundierten gemeinsamen Forschungsergebnisses – dem krönenden und nicht ganz leicht erreichbaren Abschluss eines inter- beziehungsweise transdisziplinären Forschungsvorhabens. Schließlich lassen sich aus der gemeinsamen Konstellationsbeschreibung Schlussfolgerungen ziehen, die sowohl an ein wissenschaftliches als auch an ein außerwissenschaftliches Publikum adressiert werden können. Der Verbund „Blockierter Wandel?" verweist beispielsweise die Entwicklung von die beiden Sphären verbindenden Politik- und Ökonomiemustern in die Fachdisziplinen zurück und eröffnet mit dem Zwischenraum-Konzept den außerwissenschaftlichen Partnern neue Aushandlungsräume und Ansatzpunkte.

4.4.5 Tabellarische Übersicht der Arbeitsschritte und Leitfragen

Zusammenführung der Teilprojekt-Ergebnisse	
Arbeitsschritte	**Leitfragen**
1. Die Fragestellung für die Ergebnisintegration explizieren	• Wie lautet die Fragestellung für die Ergebnisintegration?
2. Die übergreifenden Aspekte sichten und nach Teilprojekten ordnen	• Welche Beiträge liefern die verschiedenen Teilprojekte zur Beantwortung dieser Fragestellung?
3. Übergreifende Ordnungsmuster identifizieren	• Sind Teilprojekt übergreifende Ordnungsmuster und/oder Elemente erkennbar?
4. Teilprojekt-Ergebnisse entsprechend dem übergreifenden Ordnungsmuster kartieren	• Lässt sich die überwiegende Zahl der Elemente dem Muster zuordnen? Wie muss das Muster ggf. verändert werden?
	• Wie kann das neue Bild beschrieben werden? Kann es bereits interpretiert werden?
Kartierung der Konstellation	
1. Charakteristische Elemente und Relationen der Konstellation identifizieren und kartieren	• Welches sind die wichtigen, die Konstellation charakterisierenden Elemente und Relationen?
2. Charakteristische Teilkonstellationen identifizieren und ggf. beschreiben	• Lässt sich die Konstellation in charakteristische Teilkonstellationen unterscheiden?
3. Konstellation auf Widersprüche und Ungereimtheiten prüfen	• Gibt es Widersprüche oder Ungereimtheiten in der Konstellation?
Überprüfung und Präzisierung der Konstellationsbeschreibung	
1. Konstellationsbeschreibung mit den Teilprojekt-Ergebnissen abgleichen	• Ist aus Sicht der Teilprojekte die Konstellationsbeschreibung mit den Teilprojekt-Ergebnissen vereinbar? Gibt es Widersprüche?
2. Konstellationsbeschreibung präzisieren und ggf. korrigieren	• Wie kann die Konstellation präziser dargestellt werden? Muss sie anders interpretiert werden?
Zusammenfassung der Ergebnisse	

4.5 Fazit zur Anwendung der Konstellationsanalyse in den Fallbeispielen

Die detaillierte Darstellung der Vorgehensweise in den vier Anwendungsbereichen hat die in Kapitel 2 gesetzten Grundregeln für das Vorgehen mit der Konstellationsanalyse verdeutlicht und konkretisiert. Die Nutzung der Konstellationsanalyse für die sehr unterschiedlichen Fragestellungen in den Beispielprojekten sollte zugleich ihren instrumentellen Charakter illustrieren: Die entstehenden Kartierungen sind notwendige Zwischenprodukte, um die Fragestellungen interdisziplinär bearbeiten zu können. Dabei versuchen alle gezeigten Kartierungen, entweder einen zu Beginn des Analyseprozesses unklaren Realitätsausschnitt zu ordnen oder aber zu Beginn des Analyseprozesses divergierende oder sogar widersprüchliche Perspektiven auf einen solchen Realitätsausschnitt in eine systematische Darstellung zu überführen. Und genau diese Ordnungs- oder Systematisierungsleistung ist, wie alle Beispiele zeigen, die Voraussetzung für die Beantwortung der Forschungsfragen.

Am Beispiel der Strategieentwicklung für eine erwünschte Stabilisierung des ReUse-Netzwerkes (Kapitel 4.1) wurde zunächst die Gesamtsituation wie auch das ‚Binnenleben' der ReUse-Konstellation durch die gemeinsame Kartierung geordnet. Dies war Ausgangspunkt für die Entwicklung realistischer Strategien und für ein Durchspielen und Bewerten der Konsequenzen, die die Umsetzung der verschiedenen Strategien voraussichtlich haben würde. Zudem konnten die Strategien nach den Elemente-Typen, die sie jeweils in den Vordergrund stellen, nach sozialen, technischen oder stofflich-materiellen Ansatzpunkten sinnvoll unterschieden werden. Auch alle weiterführenden Schritte, wie etwa die Bündelung zu einer schlüssigen Gesamtstrategie, können an dieser Ordnungsleistung ansetzen.

Am Beispiel der Geschichte der Windenergie in Deutschland (Kapitel 4.2) bestand die zentrale Aufgabe in der Ordnungsbildung in der Zeit und in der Analyse von Steuerungswirkungen. Dabei dienten sowohl die Einteilung des Gesamtprozesses in Phasen wie auch die Kartierung der wesentlichen Elemente und Relationen aller einzelnen Phasen dazu, das Grundmuster der Dynamik zu verstehen. Die Kartierungen waren die Grundlage, um die sehr unterschiedlichen Steuerungsansätze zu verorten und das variierende Zusammenspiel der verschiedenen Einflussfaktoren deutlich zu machen. Auf diese Weise ließ sich die Wirkung von staatlichen Interventionen auf eine sich fortwährend verändernde Konstellation abschätzen.

Am Beispiel des Hochwasserschutzes in der Region der Mulde-Mündung (Kapitel 4.3) stand die Strukturierung von differierenden Sichtweisen im Zentrum. Durch die Kartierung dieser Perspektivenvielfalt konnten dichotome Wahrnehmungsmuster und Zuschreibungen differenziert werden, was eine Voraussetzung für deren Überwindung darstellt. Die Kartierung diente dabei zwei Zielen: Erstens dem systematischen Einbezug der jeweiligen Akteursperspektiven in den innerwissenschaftlichen

Forschungsprozess und zweitens der Unterstützung von Reflexionsprozessen der Akteure vor Ort, etwa indem die Unterschiedlichkeit der Blickwinkel und mögliche blinde Flecken, aber auch bislang übersehene gemeinsame Ansatzpunkte deutlich gemacht werden konnten.

Am Beispiel der Wissensintegration in interdisziplinären Forschungsprojekten (Kapitel 4.4) stand die Systematisierung von unterschiedlichen Wissensbeständen auf der Meta-Ebene des Forschungsverbunds „Blockierter Wandel?" im Zentrum. Dabei wurde die Kartierung genutzt, um eine Reduktion der anfangs gänzlich unübersichtlich erscheinenden Komplexität und des Facettenreichtums der Teilergebnisse zu erreichen und diese auf einer abstrakteren Ebene zu ordnen.

Mit dieser Skizzierung des Einsatzspektrums der Konstellationsanalyse wird deutlich, dass sie insbesondere für die Untersuchung heterogener, je spezifisch miteinander verflochtener Elementebündel geeignet ist. Sie ist jedoch kein genereller methodischer Königsweg, denn sie stößt dann an ihre Grenzen, wenn übergeordnete Strukturen untersucht oder technische Systeme oder Akteurshandeln in sich erklärt werden sollen. Trotz dieser Einschränkung gehen wir davon aus, dass der Einsatzbereich für die Konstellationsanalyse über die hier vorgestellten Beispiele hinaus erweiterbar ist. Das gilt insbesondere für die methodisch noch in den Kinderschuhen steckende transdisziplinäre Wissensproduktion. Hier wäre zu prüfen, ob die Konstellationsanalyse auch als Moderationsmethode (z.B. bei einer Konfliktvermittlung im Hochwasserschutz), als Evaluationsmethode (z.B. für die Umsetzung einer Strategie zur Stabilisierung des ReUse-Netzwerk) oder zur Vorbereitung von Entscheidungsprozessen (z.B. in Bürgerbeteiligungs- und Mediationsverfahren) geeignet ist. Inwieweit solche Anwendungen den Status der Konstellationsanalyse verändern oder zu einer Anpassung ihres methodischen Kerns zwingen, kann nur die zukünftige Anwendungspraxis zeigen. Das nächste Kapitel greift einige dieser Einordnungs- und Einschätzungsfragen noch einmal auf.

5 Anwendung als Weiterentwicklung der Konstellationsanalyse – Reflexion und Ausblick

Bei der Entwicklung und Anwendung der Konstellationsanalyse hat sich gezeigt, dass der in Kapitel 2 vorgestellte Leitfaden für die praktische Anwendung der Konstellationsanalyse zwar eine wichtige Voraussetzung für eine fruchtbare Forschung ist, dass aber seine ordnungsgemäße Abarbeitung allein noch keinen Erfolg garantiert. Die Konstellationsanalyse muss, das haben die Anwendungsbeispiele in Kapitel 4 verdeutlicht, an die jeweilige Fragestellung angepasst und entsprechend weiterentwickelt werden. Ausgangspunkt ist die problemorientierte Forschung, für die sich die Konstellationsanalyse in besonderer Weise eignet. Bei der Bearbeitung lebensweltlicher, also außerwissenschaftlich definierter Fragestellungen kann sich Wissenschaft nicht (mehr) von gesellschaftlichen Bezügen isolieren. Problemorientierte Forschung ist stärker als disziplinäre Wissenschaft mit analytischer Unsicherheit, Wertungen, Interessen und Zeitdruck konfrontiert. Sie muss auf die Qualität ihrer Ergebnisse für den Nutzungskontext achten und Interessen unterschiedlicher Stakeholder in Rechnung stellen (Funtowicz & Ravetz 2001, S. 18-23). Die Anbindung an den gesellschaftlichen Kontext der Forschung ist daher von großer Bedeutung. Vor diesem Hintergrund ist es das Ziel dieses Kapitels, die Anwendung der Konstellationsanalyse zu reflektieren und den Blick für ihre Stärken, aber auch mögliche Beschränkungen und Grenzen zu schärfen.

Fünf Fragen, die nach unserer Erfahrung für die Anwendung zentral sind, werden in diesem Kapitel diskutiert, wobei einige Aspekte aus den vorhergehenden Kapiteln wieder aufgegriffen und vertieft werden. Die ersten beiden Punkte behandeln eher methodische Herausforderungen des Analyseverfahrens, die nächsten drei verweisen auf weiterreichende, teilweise konzeptionelle Anforderungen problemorientierter Forschung:

- Wo sind die Grenzen einer Konstellation und wie kann sie in ihrem Kontext verortet werden?
- Welche Funktionen hat die grafische Darstellung in der Konstellationsanalyse?
- Stellt transdisziplinäre Forschung besondere Anforderungen an die Konstellationsanalyse und wenn ja, worin bestehen sie?
- Welche Kriterien und Verfahren eignen sich, um die Qualität inter- und transdisziplinärer Ergebnisse der Konstellationsanalyse zu sichern?
- Wie kann mit den Ergebnissen der Konstellationsanalyse in den wissenschaftlichen Disziplinen und in der außerwissenschaftlichen Praxis weitergearbeitet werden?

Diese Aspekte werden generell für inter- und transdisziplinäre Forschung diskutiert. Wir greifen diese Überlegungen hier auf, geben aber keine Antworten im Sinne eindeutiger Verfahrensregeln oder methodischer Vorgaben, weil der Diskussionsprozess hierzu noch nicht abgeschlossen ist. Zudem verlangt die Kontextanbindung der Konstellationsanalyse eher plausible, reflektierte Modifikationen als starre Regeln. Dieses Kapitel stellt daher heraus, worauf bei der Anwendung der Konstellationsanalyse besonders geachtet werden sollte. Zu diesem Zweck werden jeweils die Herausforderung und mögliche Probleme beschrieben sowie einige Strategien und Möglichkeiten erörtert, wie Forschungsvorhaben damit umgehen könnten.

5.1 Die Grenzen einer Konstellation und ihre Verortung im Kontext

Die Abgrenzung des Untersuchungsgegenstands ist in allen Forschungsprojekten zugleich ein zwingendes Erfordernis und ein anspruchsvoller Abwägungsprozess. Denn es muss zwischen einer ausreichend breiten Betrachtungsweise und einer praktikablen, effizienten Fokussierung abgewogen werden. Auch Konstellationen sind in einen übergeordneten Kontext eingebettet, der möglicherweise großen Einfluss auf das Binnenleben und die Dynamiken der Konstellation hat. Wie beim Kartieren die Grenzen einer Konstellation pragmatisch festgelegt werden können, wurde in Kapitel 2.3.1 dargestellt. Beim Einsatz der Konstellationsanalyse müssen aber sowohl die Abgrenzung des Untersuchungsgegenstands und damit die Grenzen der Konstellation als auch ihr Verhältnis zum umfassenderen Kontext geklärt werden. Diese Herausforderung lässt sich mit den beiden folgenden Fragen zuspitzen:

- Wie kann die Abgrenzung einer Konstellation hinreichend begründet werden?
- Welchen Einfluss üben als relevant identifizierte Kontextbedingungen auf die Konstellation aus und wie können diese Wirkungen – mit den Mitteln der Konstellationsanalyse – in die Analyse integriert werden?

In den Anwendungsbeispielen der Konstellationsanalyse wird auf übergeordnete Einflussfaktoren Bezug genommen, die nicht als Teil der Konstellation betrachtet werden. So wird im ReUse-Beispiel insbesondere die dominante Teilkonstellation der Computerverwendung vor dem Hintergrund des Wettbewerbs, der auf dem Massenmarkt für Computer herrscht, interpretiert (vgl. Kapitel 2.3). Es ist offenkundig, dass grundlegende gesellschaftliche Entwicklungstrends wie Technisierung, Globalisierung, Ausdifferenzierung oder Individualisierung der Lebenswelt in vielen Fällen einen Hintergrund für die Erklärung der Dynamik, Stabilität oder Instabilität von Konstellationen bilden. Konstellationen stehen mithin nicht für sich alleine. Sie müssen in ihren Kontext sowie in den zeitlichen Ablauf der Geschehnisse eingebettet betrachtet werden. Rammert verweist darauf, dass insbesondere der Zusammenhang von menschlichem Handeln und dem Funktionieren von Technik bislang eine konzeptionelle Leerstelle wissenschaftlicher Theorien darstellt. Er plädiert dafür, Handlungen in ihren vielschichtigen und zeitlichen Kopplungen mit technologischen Kontexten zu betrachten (Rammert 2003a, S. 305).

Andererseits ist die Abgrenzung einer Konstellation erforderlich, um die Untersuchung fokussieren zu können. Eine Abgrenzung nach disziplinären Kriterien blendet tendenziell die Phänomene eines Untersuchungsgegenstands aus, die außerhalb der disziplinären Fragestellungen und Theorien liegen, und scheidet daher für die Konstellationsanalyse aus. Stattdessen ist eine pragmatische, aber inhaltlich begründungspflichtige Abgrenzung plausibel, wie sie auch von vielen inter- und transdisziplinären Forschungsgruppen gewählt wird. Abgrenzungskriterien sind demzufolge die Relevanz für die Fragestellung sowie interdisziplinär vergleichbare Systemgrenzen (Decker & Grunwald 2001, S. 44-45).

Wie in Kapitel 2.3.1 beschrieben, beginnt die Rekonstruktion einer Konstellation entsprechend der Forschungsfrage ‚von innen' heraus. Damit ist das grafisch markierte Zentrum des in Frage stehenden Problemzusammenhangs gemeint, auf das sich das Konstellationsanalyse-Team geeinigt hat. In den wenigsten Fällen ist die Festlegung scharfer Grenzen möglich und sinnvoll: die Konstellation kann zu ihren Rändern hin ‚ausfransen'. Gerade die grafische Darstellung zwingt zur Beschränkung auf die als wesentlich angesehenen Elemente und Relationen.

Dabei wird es immer wieder vorkommen, dass sich Elemente oder Relationen nicht befriedigend zuordnen lassen. Sie weisen meist auf den Kontextbezug einer Konstellation hin und können, wie in Kapitel 2.3.1 angelegt, als so genannte Kontextelemente in die grafische Darstellung aufgenommen werden. Kontextelemente ermöglichen es beispielsweise, empirische Daten und Einflussfaktoren des Kontextes für die Analyse der Konstellation fruchtbar zu machen. Auch kann das Spannungsverhältnis zwischen Ordnungsmustern der Konstellation einerseits und des Kontextes andererseits zu neuen Fragestellungen führen. Offen ist dabei, ob und wie sich über den Kontextbezug Anschlüsse der Konstellationsanalyse an disziplinäre Daten und Theorien herstellen lassen (vgl. Kapitel 4.5).

Der Vorzug der grafischen Darstellung liegt unseres Erachtens darin, dass die Beziehungen zwischen einer Konstellation und dem Einfluss ihres Kontextes sichtbar gemacht werden können. Sie unterstützt die Identifizierung relevanter Kontextbedingungen, denn konzeptionelle Leerstellen springen ins Auge und können notwendige Klärungs- und Abstimmungsprozesse zur Konstellationsabgrenzung beziehungsweise Kontexteinbindung anleiten. Auf diese Weise wird das Bewusstsein für die Unterschiede zwischen der Makro-Ebene der Konstellation und ihrem Kontext, für die Wechselwirkungen dazwischen, aber auch für die Eigenständigkeit und Eigendynamik der Konstellation geschärft.

5.2 Die Funktionen der grafischen Darstellung

Neben der Abgrenzung einer Konstellation verlangt die Visualisierung als wichtiges Instrument der Konstellationsanalyse einen bewussten methodischen Umgang. Bilder und Grafiken wirken meist sehr überzeugend, da sie das Wesentliche bündeln und dennoch Spielraum für eine eigene Interpretation lassen. Die Visualisierung ist auch für die Kommunikation im Team förderlich, weil sie die Motivation steigert, Sachverhalte verdichtet, alle Aspekte festhält, so dass kein Beitrag verloren geht, und über die Sprache hinaus weitere Sinne und Tätigkeiten einbezieht (Blanckenburg et al. 2005, S. 226-228). Die Konstellationsanalyse macht sich genau diese Eigenschaft der visuellen Sprache zu Nutze (vgl. Kapitel 3.3). Grafische Darstellungen haben jedoch auch Suggestionskraft, eine mögliche Schattenseite, die in diesem Abschnitt näher betrachtet wird.[24] Besonders eingängige Grafiken können einen Scheinkonsens erzeugen oder quasi als Argumente eingesetzt werden, die sich einer kritischen Begutachtung entziehen. Die grafische Anordnung von Elementen und Relationen in einer Kartierung ist bereits Teil der Interpretation einer Konstellation. Dies kann sich in starken Bildern ausdrücken, wie beispielsweise in der Kartierung der Konstellation „Wiederverwendung von gebrauchten Computern" in Kapitel 2.3 der Keil, den die dominante Konstellation bildet, oder die „unvollständige Acht" zwischen dem ReUse-Kern und den ReUse-Kundinnen und -Kunden. Solche Bilder müssen gut begründet und empirisch gestützt werden. Generell stellt sich die Frage nach der Rolle der grafischen Darstellung in der Konstellationsanalyse: Ist sie Methode oder Ergebnis?

Grafische Elemente werden in der Wissenschaft auf vielfältige Art und Weise eingesetzt (z.B. Schaltpläne, Moleküldarstellungen, Landkarten, mathematische Funktionen), um Sachverhalte auf das Wesentliche reduzieren und knapp darstellen zu können. Diese Visualisierungen ermöglichen denen, die die Arbeit mit dem jeweiligen Bild- und Zeichensystem gewohnt sind, eine rasche Verständigung. Dennoch bedürfen grafische Darstellungen wissenschaftlicher Ergebnisse meistens einer sprachlichen Erläuterung, um eine abstrakte und reduktionistische Bildsprache zu differenzieren. Bilder und Grafiken stellen damit in der Wissenschaft eine wichtige Ergänzung und Erweiterung der Ausdrucksmöglichkeiten dar, bedürfen jedoch eines reflektierten Einsatzes, um ihre ambivalente Wirkung zu begrenzen.

So ist es für die Konstellationsanalyse nützlich, wenn man zwischen verschiedenen Funktionen einer grafischen Darstellung unterscheidet: (1) Der Wechsel zwischen grafischer Darstellung und sprachlicher Argumentation im Analyse- und Aushandlungsprozess hat eine *heuristische Funktion*. (2) Die Kartierungen dienen der Ergebnisdarstellung und *Fixierung* des Aushandlungsprozesses innerhalb des Konstellationsanalyse-Teams. (3) Sie sind Teil der *Ergebnisvermittlung* an ein wissenschaftliches und außerwissenschaftliches Publikum.

(1) Die heuristische Funktion: Die Kartierungen bilden den methodischen Kern des Verfahrens. Sie ermöglichen die Aushandlung über die Interpretation einer Konstellation, sind der Katalysator für das Einbringen der unterschiedlichen Expertise und

---

24 Ähnliches gilt auch für die Überzeugungs- und Überredungskraft von Sprache. An dieser Stelle befassen wir uns aber nur mit grafischen Darstellungen, weil sie ein neues, eventuell ungewohntes Element für interdisziplinäre Brückenkonzepte sind.

ihren wechselseitigen Bezug aufeinander im Konstellationsanalyse-Team, inspirieren die Diskussion und regen zur Hypothesenbildung an. Die Hypothesen selbst müssen als Text ausformuliert und die Tragfähigkeit der Interpretationen durch sprachliche Ausführungen gestützt und begründet werden.

(2) Die Fixierung von (Zwischen-)Ergebnissen innerhalb des Konstellationsanalyse-Teams: Zwischenschritte und Ergebnisse, auf die sich das Konstellationsanalyse-Team geeinigt hat, lassen sich für interne Zwecke knapp in Form von Kartierungen zusammenfassen und festhalten. Sie können den Ausgangspunkt für weitere Diskussionen und Arbeitsschritte bilden. Sie bringen beispielsweise divergierende Interpretationen auf den Punkt und tragen auf diese Weise dazu bei, dass Inkompatibilitäten zwischen unterschiedlichen Expertisen nicht verschleiert werden, sondern Hinweise auf weiteren Klärungs- und Analysebedarf geben.

(3) Die Ergebnisvermittlung: Die grafischen Darstellungen einer Konstellation sind schließlich Teil der Ergebnisvermittlung. Sie veranschaulichen die Argumentation. Allerdings stößt die Grafik auch an Grenzen, zum Beispiel wenn Dynamiken und Entwicklungen mit statischen Kartierungen dargestellt werden. Die Notwendigkeit schriftlicher Erläuterungen ist in solchen Fällen ganz offensichtlich (vgl. Kapitel 4.2). Eine andere Schwierigkeit ist, dass die Darstellung von Ergebnissen inter- und transdisziplinärer Forschung eine Vereinfachung der beteiligten Fachsprachen nötig macht. Kommen dann noch komplexe, erläuterungsbedürftige Grafiken hinzu, muss sehr genau darauf geachtet werden, dass die Kombination aus Grafik und Text die Ergebnisse anschaulich und in einer vertretbaren Komplexitätsreduktion präsentiert und nicht erschlagend wirkt.

Bei allen drei Funktionen, die Grafiken in der Konstellationsanalyse erfüllen, kann man nicht davon ausgehen, dass sie für sich selbst sprechen. Das tun sie zwar des Öfteren am Ende eines gelungenen Aushandlungsprozesses innerhalb des Konstellationsanalyse-Teams, nicht aber für ein am Prozess unbeteiligtes Publikum. Dieses muss in die Lage versetzt werden, die Grafiken einer kritischen Betrachtung unterziehen zu können. Offen bleibt bislang, wie die grafische Darstellung dazu beiträgt, den Anschluss an Diskurse in einzelnen Wissenschaftsdisziplinen und der außerwissenschaftlichen Praxis herzustellen und Brücken zu schlagen.

5.3 Anforderungen aus Sicht der transdisziplinären Forschung

Nach der Reflexion der beiden methodischen Punkte der Abgrenzung und Einbettung einer Konstellation sowie der Rolle der grafischen Darstellung im Forschungsprozess werden in den folgenden Abschnitten eher generelle Fragen behandelt, die die Anwendung der Konstellationsanalyse in der problemorientierten Forschung betreffen. Zunächst geht es um die Anforderungen, die an die Konstellationsanalyse gestellt werden, wenn sie in der transdisziplinären Forschung eingesetzt wird. Problemorientierte Forschung wie Nachhaltigkeits-, Technik- und Innovationsforschung muss in vielen Fällen nicht nur die Grenzen wissenschaftlicher Disziplinen überschreiten, sondern auch außerwissenschaftliche Expertise wie Erfahrungswissen, Handlungswissen, Tacit Knowledge et cetera in den Forschungsprozess einbeziehen, um ihre außerwissenschaftliche Problemlösungskapazität zu erweitern. Dies wird als transdisziplinäre Forschung bezeichnet.[25]

Ein wichtiges Feld transdisziplinärer Forschung ist die Nachhaltigkeitsforschung, die das Zusammenspiel von Gesellschaft, Natur und Technik untersucht, um praxistaugliche Lösungsvorschläge zu entwickeln.[26] Die Konstellationsanalyse kann als Brückenkonzept auch zwischen Wissenschaft und außerwissenschaftlicher Expertise vermitteln und eignet sich daher für die inter- und transdisziplinäre Nachhaltigkeitsforschung, wie im Anwendungsbereich „Perspektivenvielfalt" (vgl. Kapitel 4.3) gezeigt wurde. Was bedeutet es für die Konstellationsanalyse, wenn sie bei der Problemdefinition und der Problembearbeitung außerwissenschaftliche Expertise integriert? Welche Konsequenzen hat es, wenn sie Brücken zwischen Wissenschaft und außerwissenschaftlicher Praxis schlägt, die Mitglieder im Konstellationsanalyse-Team aus unterschiedlichen Kulturen kommen und verschiedenen Zielen und Erfolgskriterien verpflichtet sind?

Um auf diese Fragen näher eingehen zu können, muss zunächst der Charakter transdisziplinärer Forschung erläutert werden: Sie greift Probleme der realen Welt auf und übersetzt sie in wissenschaftliche, disziplinenunabhängige Fragestellungen. Diese werden in Teams aus Wissenschaftlerinnen und Wissenschaftlern der relevanten Disziplinen und gegebenenfalls außerwissenschaftlichen Fachleuten bearbeitet, die die verschiedenen Wissensbestände aufeinander beziehen und integrieren müssen. Die Ergebnisse werden wieder in die Diskussionen der Wissenschaft – zum Beispiel neue Fragestellungen – und der Praxis – zum Beispiel Handlungsempfehlungen – eingespeist (Bergmann et al. 2005, S. 15; Brand 2000; Häberli & Grossenbacher-Mansuy 1998; Jaeger & Scheringer 1998). Die Herausforderung der transdisziplinären Forschung liegt also darin, dass sehr unterschiedliche Wissensbestände zusammengeführt werden müssen, um problemgerechte Antworten zu finden. Durch die Problemorientierung ist sie in einen gesellschaftlichen Kontext der Wissensproduktion eingebettet (Funtovicz et al. 1998; Gibbons et al. 1994; Nowotny et al. 2003). Die Einschätzungen

---

25 Pohl & Hirsch Hadorn definieren transdisziplinäre Forschung (TF) wie folgt: „Der Ausgangspunkt der TF ist ein gesellschaftlich relevantes Problemfeld. Darin identifiziert, strukturiert, analysiert und bearbeitet die TF bestimmte Probleme derart, dass sie a) die Komplexität der Probleme erfasst, b) die Diversität von gesellschaftlichen und wissenschaftlichen Sichtweisen der Probleme berücksichtigt, c) abstrahierende Wissenschaft und fallspezifische Relevanz des Wissens verbindet und d) Wissen zu einer am Gemeinwohl orientierten praktischen Lösung der Probleme erarbeitet." Partizipatives Forschen und die Zusammenarbeit von Disziplinen sind dabei notwendige Mittel (Pohl & Hirsch Hadorn 2006, S. 26).

26 In manchen Forschungsprogrammen ist ausdrücklich eine transdisziplinäre Forschung gefordert, so zum Beispiel im Förderschwerpunkt „Sozial-ökologische Forschung" des Bundesministeriums für Bildung und Forschung.

darüber, wie stark der Praxisbezug und die Einbindung außerwissenschaftlicher Akteure sein müssen, um von transdisziplinärer Forschung sprechen zu können, gehen auseinander.[27]

Für diese spezifische Form der Wissensproduktion fehlen noch allgemein anerkannte Methoden und Kriterien. Daher sind transparente Forschungsverfahren und eine Reflexion der angewandten Methoden besonders wichtig (Bergmann et al. 2005; Nölting et al. 2004). Eine analytische Unterscheidung in Forschungsebenen und Forschungsphasen, wie sie im Folgenden skizziert wird, hilft, die unterschiedliche Funktion außerwissenschaftlicher Partnerinnen und Partner zu verdeutlichen.

In der Nachhaltigkeitsforschung werden drei Forschungsebenen mit unterschiedlichen Zielen differenziert (Becker & Jahn 2000, S. 79-81; Mogalle 2001, S. 12): Eine *analytische* Ebene zur Untersuchung von Problemzusammenhängen, Einflussfaktoren und Entwicklungsdynamiken (Systemwissen). Eine *normative* Ebene zur Klärung der jeweiligen Ziele der betroffenen Akteure und Rekonstruktion der gesellschaftlichen Diskurse zum Problemfeld (Orientierungswissen). Eine *operative* Ebene zur Ausarbeitung praxistauglicher Lösungsstrategien (Gestaltungswissen). Die beteiligten Praxisakteure bringen auf der analytischen Ebene ihr Erfahrungswissen ein, um die Forschung in der Wirklichkeit zu ‚erden', auf der normativen Ebene sind ihre Werte und Bewertungen bei der Abwägung von Zielen maßgeblich. Auf der operativen Ebene sind ihre Kenntnisse der Handlungsbedingungen und ihr Einfluss auf den gesellschaftlichen Veränderungsprozess relevant (Nölting et al. 2004, S. 258-259).

Weiterhin lassen sich idealtypisch drei Phasen transdisziplinärer Forschung unterscheiden (Bergmann et al. 2005, S. 17-19; Jaeger & Scheringer 1998): In der ersten Phase wird das Problem disziplinenunabhängig und gegebenenfalls unter Beteiligung außerwissenschaftlicher Akteure definiert (Problemdefinition). In dieser Phase muss geklärt werden, welche Expertise benötigt wird und wer im Team mitarbeiten soll. In der zweiten Phase wird das Problem in Teilaspekte und -projekte zerlegt und mit unterschiedlichen, auch disziplinären Methoden bearbeitet (Problembearbeitung). In der dritten Phase müssen die verschiedenen Wissensbestände aufeinander bezogen und zu einem gemeinsamen Ergebnis integriert werden, das eine angemessene Antwort auf die Untersuchungsfrage liefert (Wissensintegration). Außerwissenschaftliche Akteure sind in dieser Phase zum einen Adressaten der Forschungsergebnisse, zum anderen können sie im Forschungsteam als ‚Übersetzerinnen' und ‚Übersetzer' eine wichtige Rolle bei der Vermittlung zwischen Wissenschaft und Praxis spielen.

Welche Anforderungen ergeben sich daraus für die Konstellationsanalyse? Nach unseren Überlegungen und den Erfahrungen im Anwendungsbereich „Perspektiven-

---

27 Vgl. Brand 2000, S. 15-16. Sehr weitgehend ist beispielsweise die Forderung von Häberli & Grossenbacher-Mansuy (1998), die in der Nachhaltigkeitsforschung Praxisakteuren eine zentrale Rolle im gesamten Forschungsprozess zuschreiben.

vielfalt" eignet sich die Konstellationsanalyse prinzipiell als Brückenkonzept für transdisziplinäre Forschung, da sie von der Gleichwertigkeit verschiedener Wissensbestände ausgeht. Sie kann als methodisches Verfahren für alle drei Phasen transdisziplinärer Forschungsvorhaben eingesetzt werden, wobei sie unterschiedliche Funktionen erfüllt: Bei der Problemdefinition hat sie einen explorativen Charakter und dient dazu, unterschiedliche Sichtweisen auf ein Problemfeld zu sammeln und Fragestellungen zu formulieren; bei der Problembearbeitung (in Teilprojekten) verknüpft sie wissenschaftliche und außerwissenschaftliche Expertise im Hinblick auf eine klar definierte Fragestellung; bei der Wissensintegration bietet sie ein Verfahren, unterschiedliche Forschungsergebnisse wechselseitig aufeinander zu beziehen und letztlich in einer gemeinsam getragenen Kartierung zusammenzuführen (vgl. Kapitel 4.4).

Die Visualisierung dient in allen drei Phasen als Plattform, um unterschiedliche Wissensbestände zueinander in Beziehung zu setzen. Sie kann auch dazu genutzt werden, die Herkunft der Expertise grafisch zu markieren oder Differenzen in der Konstellationsbeschreibung und -interpretation sichtbar zu machen. So kann die Beschreibung unterschiedlicher Perspektiven auf eine Konstellation zu einem ganz neuen Verständnis von Problemwahrnehmungen und Blockaden führen (vgl. Kapitel 4.3). Vermutlich könnte der Vergleich von Konstellationsbeschreibungen, die mit und ohne außerwissenschaftliche Akteure erarbeitet werden, sehr aufschlussreich sein. Differenzen sichtbar zu machen, kann Ausgangspunkt und Voraussetzung für eine vertiefende Reflexion von Konstellationen sein.

Bei der Anwendung der Konstellationsanalyse in der transdisziplinären Forschung erfordern zwei Aspekte eine besondere methodische Sorgfalt:
- Die Auswahl außerwissenschaftlicher Expertinnen und Experten für das Konstellationsanalyse-Team.
- Der Umgang mit unterschiedlichen Kulturen und Zielen im Forschungsprozess.

Die Auswahl der Mitglieder für das Konstellationsanalyse-Team ist sowohl für wissenschaftliche wie außerwissenschaftliche Mitglieder transparent zu begründen (vgl. den Vorschlag für die Zusammenstellung von Wissenschaftler-Teams bei Decker & Grunwald 2001, S. 48-51). Für die Beteiligung außerwissenschaftlicher Expertinnen und Experten ist das zentrale Kriterium ihre Funktion im Forschungsvorhaben. Dabei kann nach den drei Phasen und den Forschungsebenen unterschieden werden, um den Zweck der Praxisbeteiligung möglichst klar zu definieren. Erfahrungswissen außerwissenschaftlicher Akteure ist sowohl für eine umfassende Problembetrachtung und -definition als auch bei der Problembearbeitung hilfreich. Ihre Bewertungen sind wichtig, um bei der Problemdefinition ein breites Spektrum an Zielsetzungen und Konfliktlagen zu berücksichtigen. Die Entwicklung von Lösungsstrategien für die Praxis ist schließlich sowohl auf die Bewertungen außerwissenschaftlicher Akteure als auch auf deren Wissen und Einfluss bei der praktischen Umsetzung angewiesen. Außerwissenschaftliche Expertinnen und Experten müssen nicht im gesamten Forschungsprozess beteiligt sein, sondern können auch punktuell hinzugezogen werden.

Konflikte um divergierende Interessen und Kulturen oder als Folge von Machtkämpfen können in allen Forschungsverbünden – disziplinären, interdisziplinären und transdisziplinären – auftreten (Blanckenburg et al. 2005, S. 189-217). Allerdings verfolgen außerwissenschaftliche Akteure in der Regel andere Ziele, haben andere Erfolgskriterien und Arbeitskulturen (Zeit, Sprache) als Wissenschaftlerinnen und Wissenschaftler. Dieses Mehr an Heterogenität und an Sichtweisen ist eine potenzielle Stärke, aber auch konfliktträchtig, was eine besondere Sorgfalt beim Kooperationsmanagement im Hinblick auf Moderation, Räume, Institutionen, Prozessmanagement und die soziale Integration erfordert (Loibl 2004; Schophaus et al. 2004). Die Konstellationsanalyse kann mittels der Visualisierung einen Beitrag dazu leisten, inhaltliche Differenzen und Gemeinsamkeiten sichtbar und damit verhandelbar zu machen. Allerdings versteht sie sich als wissenschaftliches Analyseverfahren und sollte nur zu diesem Zweck eingesetzt werden, sie dient also beispielsweise zur Strategieentwicklung, nicht aber zur Umsetzung der Strategie (vgl. Kapitel 2.1.1, Abbildung 1). Das Projektmanagement und die Moderation sind dafür verantwortlich, die wissenschaftlichen und außerwissenschaftlichen Ziele eines transdisziplinären Forschungsvorhabens auszubalancieren, um beide Seiten zur Mitarbeit zu motivieren.[28]

Insgesamt lässt sich festhalten, dass sich die Anforderungen inter- und transdisziplinärer Forschung an die Konstellationsanalyse oft nur graduell unterscheiden. In jedem Fall ist eine kritische Reflexion der eingesetzten Methoden und Transparenz über die Rolle und Funktion bei der Mitarbeit außerwissenschaftlicher Partnerinnen und Partner notwendig.

5.4 Qualitätskriterien für die Konstellationsanalyse

Inter- und transdisziplinäre Forschung verfolgt teilweise andere Ziele als disziplinäre Forschung und sollte daher auch entsprechend dieser Ziele bewertet werden. Das für die Qualitätssicherung disziplinärer Forschung bewährte Verfahren, die Bewertung durch Fachkolleginnen und Fachkollegen – das so genannte Peer Review –, lässt sich nicht ohne weiteres auf die inter- und transdisziplinäre Forschung übertragen. Welche Wissenschaftlerinnen und Wissenschaftler können die Leistung eines heterogen zusammengestellten Konstellationsanalyse-Teams angemessen bewerten? Insbesondere die Integrationsleistung der Konstellationsanalyse wird so nicht erkannt und bleibt damit unterbewertet, was in der transdisziplinären Forschung auch oftmals der Fall ist (Bergmann et al. 2005, S. 5). Dennoch darf sich die Konstellationsanalyse einer kriti-

---

28 Ob die Konstellationsanalyse zur Moderation von Interessenkonflikten, zum Beispiel um Konflikte zu visualisieren, eingesetzt werden kann, wäre noch zu prüfen. Damit würde sie jedenfalls den Bereich der wissenschaftlichen Analyse verlassen. Das grafische Aufzeigen von inhaltlichen Differenzen kann auf keinen Fall Interessenkonflikte lösen.

schen Begutachtung nicht verwehren. Wenn also disziplinäre Verfahren der Qualitätssicherung nicht greifen, wie lässt sich dann gute von schlechter konstellationsanalytischer Forschung unterscheiden? Nach welchen Kriterien und mit welchen Verfahren soll die Qualität ihrer Ergebnisse evaluiert werden?

Zur Evaluation inter- und transdisziplinärer Forschung gibt es eine ausführliche, anhaltende Diskussion (vgl. Defila & Di Giulio 1999; GAIA-Disput 2003; Grunwald 1999; Pohl & Hirsch Hadorn 2006). Wir greifen hier insbesondere auf Vorschläge von Bergmann et al. (2005), Decker & Grunwald (2001) und Häberli & Grossenbacher-Mansuy (1998) zurück. Die Qualität transdisziplinärer Forschung bemisst sich sowohl an innerwissenschaftlichen Maßstäben als auch an außerwissenschaftlichen Anforderungen, die sich aus dem gesellschaftlichen Kontext und dem Problembezug ergeben. Als Evaluationskriterien kommen damit die Qualität der disziplinären Expertise, die in die Konstellationsanalyse einfließt, die Komposition der fachlichen Expertisen, die Transparenz der Argumentation und die Begründung für Auswahlentscheidungen in Betracht (Decker & Grunwald 2001, S. 47-53). Dabei darf nicht übersehen werden, dass die Kriterien für Relevanzentscheidungen und eine pragmatische Kompatibilität der unterschiedlichen Expertisen nicht aus der disziplinären Wissenschaft heraus begründet werden können, sondern vorempirisch und damit normativ sind.

In der Diskussion werden unterschiedliche Vorschläge zur Qualitätssicherung gemacht. Statt eines Peer Reviews wird ein Expert Review vorgeschlagen, bei dem sich die Evaluationsgruppe aus Fachleuten, die den Untersuchungsgegenstand aus einzelfachlicher Perspektive beurteilen können, und aus Wissenschaftlerinnen und Wissenschaftlern, die über Erfahrung mit inter- oder transdisziplinärer Forschung verfügen, zusammensetzt (Bergmann et al. 2005, S. 11). Wegen der Vielfalt transdisziplinärer Forschung lassen sich jedoch keine allgemeingültigen Kriterien, die zugleich hinreichend konkret sind, formulieren. Stattdessen ist die ordnungsgemäße Bearbeitung der jeweiligen Fragestellung nach dem jeweiligen ‚State of the Art' ein wichtiger Beurteilungsmaßstab. Schließlich wird eine Begutachtung des Forschungsprozesses vorgeschlagen, um die eingesetzten methodischen Verfahren, Ansätze und die jeweiligen Auswahlentscheidungen zu reflektieren (Bergmann et al. 2005, S. 28-34; Decker & Grunwald 2001, S. 47-56; Häberli & Grossenbacher-Mansuy 1998). Denn auch eine hohe Prozessqualität im Forschungsverlauf ist eine notwendige, aber nicht hinreichende Bedingung für gute Forschungsergebnisse. Vor diesem Hintergrund schlagen wir drei Evaluationskriterien für die konstellationsanalytischen Ergebnisse vor:

- Die interdisziplinäre Einigung auf eine gemeinsame Konstellationsbeschreibung;
- ein multidisziplinäres Expert Review, das an der Fragestellung orientiert ist;
- die Sicherstellung eines transparenten, reflektierten Forschungsprozesses.

Interdisziplinäre Einigung auf eine gemeinsame Konstellationsbeschreibung

Die Arbeit mit der Konstellationsanalyse ist ein offener Austausch unterschiedlicher Blickwinkel und Wissensbestände. Es kann nicht von vornherein davon ausgegangen werden, dass bei der Beantwortung der Forschungsfrage und der Rekonstruktion von Konstellationen nur eine einzige beziehungsweise überhaupt eine Lösung möglich ist. Abweichende Interpretationen sind nicht nur möglich, sondern werden durch die Konstellationsanalyse geradezu herausgefordert. Doch um eine Forschungsfrage beantworten zu können, ist in der Regel ein kohärentes Ergebnis, nämlich die Einigung auf eine Konstellationsbeschreibung, notwendig (vgl. das Verfahren für interdisziplinäre Gruppen bei Decker & Grundwald 2001, S. 51-53). Deshalb dürfen im Forschungsverlauf aufgetretene Widersprüche und Dissenspunkte nicht unter den Teppich gekehrt, sondern müssen konstruktiv für die Analyse genutzt werden.

Kommt es nicht zu einer Einigung, dann bedeutet dies nicht zwangsläufig das Scheitern des Forschungsvorhabens. Ein Kompromiss kann darin bestehen, die Gemeinsamkeiten der Interpretation auszuloten, um Zwischen- oder Teilergebnisse vorzulegen, die ‚robust' genug sind, um zumindest in Teilen zur Erklärung des untersuchten Problems beizutragen. Gelingt es dem Konstellationsanalyse-Team, sich auf eine Interpretation zu einigen und das Ergebnis gemeinsam zu begründen und nach außen zu vertreten, so ist dies ein erstes Qualitätsmerkmal. Dabei stehen alle Mitglieder des Konstellationsanalyse-Teams für das Ergebnis ein und müssen deshalb zwischen einem für alle befriedigenden Ergebnis und der persönlichen wissenschaftlichen Reputation in der eigenen Disziplin abwägen.

An der Fragestellung orientiertes multidisziplinäres Expert Review

Die Arbeit mit der Konstellationsanalyse führt zu Schlussfolgerungen und Interpretationen außerhalb des gesicherten Disziplinenwissens. Gerade für solche Ergebnisse gibt es meist keinen etablierten Stand der Forschung, an dem sie gemessen werden können. Auch wechselt die Zusammensetzung der Konstellationsanalyse-Teams je nach Fragestellung, so dass der Pool an interdisziplinär kompetenten Fachkolleginnen und -kollegen sehr gering ist. Wir empfehlen daher ein multidisziplinäres Expert Review, das sich an folgenden Aspekten orientiert: Erstens sollten als Evaluator(inn)en möglichst nur Fachkolleg(inn)en aus den Disziplinen tätig sein, die auch im Konstellationsanalyse-Team vertreten sind; zweitens sollten mehrere Disziplinen an der Evaluation beteiligt sein und drittens ist eine Erfahrung der Evaluator(inn)en mit interdisziplinärer Forschung wünschenswert. Eine interdisziplinär zusammengesetzte Gutachtergruppe sollte viertens die Bewertung gemeinsam vornehmen und ihre Einschätzungen untereinander austauschen und abgleichen. Den Mittelpunkt der Begutachtung bilden fünftens die inhaltlichen Aspekte sowie Relevanz, Innovation, Zielgruppenbezug, Erreichen des Forschungsziels, Erfüllen der Erfolgskriterien et cetera. Die konkreten inhaltlichen Kriterien, an dem die Ergebnisse gemessen werden, ergeben sich aus der Fragestellung und dem Untersuchungsgegenstand.

Mit einem solchen diskursiv angelegten Evaluationsverfahren lassen sich die Resultate als akzeptabel, fruchtbar, innovativ oder eben ungenügend einstufen. Auch wenn sich ein derart aufwändiges Begutachtungsverfahren nicht immer in vollem Umfang verwirklichen lässt, so sollten doch die zentralen Punkte für eine externe und interne Evaluation beachtet werden: Unterschiedliche Disziplinen tauschen sich über ihre Einschätzungen aus und stimmen diese im Hinblick auf die inhaltliche Fragestellung untereinander ab.

Sicherstellung eines transparenten, reflektierten Forschungsprozesses
Schließlich sollte die Qualität des Forschungsprozesses berücksichtigt werden – denn diese schlägt sich mittelbar in den Ergebnissen nieder. Die drei folgenden Aspekte dienen als Beurteilungsgrundlage: Erstens sollte die Herkunft der eingeflossenen Expertise und Wissensbestände offen gelegt werden. Zweitens müssen die Relevanz- und Auswahlkriterien, nach denen das Konstellationsanalyse-Team zusammengestellt worden ist, transparent sein. Drittens ist ein konstruktiver Umgang mit Dissens und Kontroversen wichtig, um inhaltliche Konflikte über unterschiedliche Betrachtungsweisen oder Bewertungen für die Forschungsarbeit fruchtbar zu machen. Abweichende Interpretationen sollten ebenso wie daraus resultierende weiterführende Lösungen oder Blockaden visualisiert und dokumentiert werden.

An dieser Stelle soll noch auf den Umgang mit Normativität eingegangen werden. Gerade problemorientierte, transdisziplinäre Forschung steht häufig unter besonderem Rechtfertigungsdruck und muss beweisen, dass sie wissenschaftlich ist, obwohl vorempirische, normative – also außerwissenschaftlich begründete – Überlegungen und Relevanzkriterien einfließen. Dies gilt insbesondere, wenn sie wie die Nachhaltigkeitsforschung explizit einem normativen Leitbild verpflichtet ist (Becker & Jahn 2000; Nölting et al. 2004). Allerdings lässt sich auch in der disziplinären Wissenschaft die „traditionelle Fiktion einer Trennung von Fakten und Werten" kaum noch aufrechterhalten (Bechmann 2000, S. 42). Die Konstellationsanalyse versteht sich als analytisches Konzept, das auf einigen Grundannahmen (vgl. Kapitel 3.2) beruht. Sie ist damit so normativ oder objektiv wie diejenigen, die mit ihr arbeiten. Deshalb sollten bei ihrer Anwendung – wie bei allen anderen wissenschaftlichen Methoden und Ansätzen auch – die Wertorientierungen, die durch den Kontextbezug geprägt werden und Eingang in die Analyse finden, transparent gemacht werden, damit sie sich nicht einer argumentativen Kritik entziehen können.

Insgesamt sind wir der Auffassung, dass sich mit einer Einigung auf eine gemeinsame Konstellationsbeschreibung, einem multidisziplinären Expert Review und der Bewertung des Forschungsprozesses die Qualität der Ergebnisse, die mit der Konstellationsanalyse erzielt werden, angemessen beurteilen lassen. Auf diese Weise kann gute von qualitativ weniger wertvoller Forschung unterschieden werden.

5.5 Die Anschlussfähigkeit der Ergebnisse

Als inter- und transdisziplinäres Brückenkonzept beschränkt sich die Konstellationsanalyse auf die Analyse heterogener Konstellationen. Ihre Ergebnisse beantworten Forschungsfragen, sind – wenn sie die Qualitätskriterien erfüllen – valide und können für eine Weiterarbeit in der disziplinären Wissenschaft sowie in der außerwissenschaftlichen Praxis genutzt werden. Eine solche Weiterarbeit liegt außerhalb des Anwendungsbereichs der Konstellationsanalyse (vgl. Abbildung 1 in Kapitel 2.1.1), ist aber für die Anschlussfähigkeit des Brückenkonzepts zentral. Im Folgenden wird dargelegt, welche Übersetzungsschritte jeweils notwendig sind.

Bei der Weiterverwendung von Ergebnissen der Konstellationsanalyse in der disziplinären Wissenschaft können dadurch Probleme entstehen, dass die Ergebnisse weder mit den in der Disziplin anerkannten Methoden erarbeitet wurden, noch konsequent mit deren Theorien und Ansätzen erklärt werden können, weil sie deren Rahmen überschreiten. Hier folgen einige erste Überlegungen, wie sich die Ergebnisse in die disziplinären Wissenschaften ‚übersetzen' lassen.

Voraussetzung für die grundsätzliche Anschlussfähigkeit der Ergebnisse ist die Befolgung des methodisch kontrollierten, iterativen Vorgehens der Konstellationsanalyse (vgl. Kapitel 3). So wird das Wechselverhältnis zwischen disziplinären Vorannahmen und Daten, konstellationsanalytischer Verarbeitung derselben und disziplinärer Weiterverwendung der Ergebnisse auf eine methodisch saubere und nachvollziehbare Basis gestellt. Theoretische Vorannahmen und empirische Daten werden in der Konstellationsanalyse in neue Bezüge eingebunden und in diesen multiperspektivisch re-interpretiert. Sie werden, wenn man so will, interdisziplinär ‚durchgemangelt'. Die Daten können damit sowohl für die Ausgangsdisziplin als auch für die anderen Disziplinen eine neue Qualität erlangen, wenn sie neue Einsichten und Erkenntnisse zutage fördern.

Darüber hinaus können Erkenntnisse über heterogene Konstellationen auch für konzeptionelle Überlegungen mittlerer Reichweite genutzt werden: Sie können disziplinäre Theorien, Konzepte und Modelle erweitern und ergänzen, ohne deren Annahmen zwangsläufig teilen zu müssen. Dabei können in einzelnen Punkten Widersprüche zwischen disziplinären Theorien und den spezifischen Befunden der Konstellationsanalyse auftreten. In solchen Fällen scheint es uns plausibel, ähnlich wie die Akteur-Netzwerk-Theorie (vgl. Kapitel 3.2), von einem Vetorecht der Dinge beziehungsweise der Elemente und ihrer Relationen auszugehen. Die durch Empirie und Expertise begründeten Ergebnisse der Konstellationsanalyse lassen sich in solchen Fällen nicht durch generelle theoretische Annahmen aufheben. Umgekehrt gilt, dass sich die konstellationsanalytischen Erkenntnisse nicht ohne weiteres über empirisch belegte disziplinäre Wissensbestände hinweg setzen können. Eine strikte *theoretische* Konsistenz zwischen konstellationsanalytischen und disziplinären Erkenntnissen ist jedoch nicht notwendig; abweichende Erklärungen können – in der Perspektive der Konstellationsanalyse – bis zu einem gewissen Grad nebeneinander bestehen bleiben, solange die empirischen Ergebnisse dem nicht entgegenstehen und solange sie zur Bearbeitung der Fragestellung beitragen (vgl. auch Decker & Grunwald 2001, S. 47). Dies ist Ausdruck der Heterogenität und kann als intellektuelle Spannung zur Entwicklung neuer disziplinärer Fragestellungen konstruktiv gewendet werden.

Aus heutiger Sicht erscheinen uns beispielsweise folgende Fragestellungen interessant: Wie lässt sich die relative Stabilität von Konstellationen, die sich ja aus höchst heterogenen Komponenten zusammenfügen, erklären? Hier kann die Konstellationsanalyse zu disziplinär und interdisziplinär fruchtbaren Antworten beitragen. Aus Sicht der Nachhaltigkeitsforschung ist des weiteren interessant, ob ein Konstellations-Typus gehäuft auftritt, der sich aus einer dominanten, nicht-nachhaltigen Teilkonstellation und einer Nischenkonstellation, die nachhaltige Entwicklung fördert, zusammensetzt, und in der die dominante Teilkonstellation die Ausweitung der Nischenkonstellation tendenziell behindert oder diese ‚schluckt'.

Um mit den Ergebnissen der Konstellationsanalyse in der außerwissenschaftlichen *Praxis* weiterarbeiten zu können, sind wiederum andere Übersetzungsschritte notwendig. Hier stellt sich die Frage, wie die Resultate wissenschaftlicher Forschung beschaffen sein müssen, damit sie praktisch angewandt werden können. Um nicht bei Ergebnissen stehen zu bleiben, die lediglich beschreiben, was getan werden sollte, sondern die tatsächlichen Handlungsspielräume berücksichtigen, ist der Einsatz dialogisch-partizipativer Verfahren hilfreich. Diese weisen den Bewertungen und normativen Orientierungen im Prozess der Wissensproduktion und -anwendung eine stärkere Rolle zu (vgl. Brand 2000). Im Streit von Expertengutachten und Gegengutachten für lebensweltliche Problemlösungen könnte die Konstellationsanalyse dazu beitragen, Forschungsergebnisse in den jeweiligen lokalen und sozialen Anwendungskontext einzubetten, um „sozial robustes Wissen" hervorzubringen (Nowotny 1999). Hierfür bieten sich die Anwendungsbereiche Strategieentwicklung und Perspektivenvielfalt an.

5.6 Fazit und Ausblick

Die in diesem Kapitel thematisierten Herausforderungen für die Konstellationsanalyse sind sicher nicht vollständig, greifen aber zentrale Aspekte auf. Auch unsere Überlegungen und Hinweise sind nicht in allen Punkten erschöpfend, sondern häufig vorläufig und thesenartig. Sie pointieren Fragen, denen sich Forschungsvorhaben, die mit der

Konstellationsanalyse arbeiten, stellen sollten. Damit will das Kapitel für eine kritische Anwendung der Konstellationsanalyse, die sich nicht als starre, kodifizierte, sondern an verschiedene Anwendungsbereiche anpassungsfähige, flexible Methode begreift, sensibilisieren.

Darüber hinaus weisen diese Reflexionen auf anstehende Weiterentwicklungen hin. Die Konstellationsanalyse ist *work in progress*, kritische Fragen regen zur Präzisierung und Vertiefung an – und weil sie als lernendes Instrument konzipiert ist, soll das auch so sein. Uns ist wichtig, dass sie in der konkreten Zusammenarbeit verschiedener Disziplinen funktioniert und zu neuen Erkenntnissen führt. Bislang haben wir gute Erfahrungen mit der Konstellationsanalyse gemacht:

- Sie strukturiert visuell komplexe Debatten und Problemfelder, die aus der Sicht einer einzelnen Wissenschaft oder Profession nur unzureichend erfasst werden können. Bei der Visualisierung vergewissert man sich permanent des gemeinsamen Verständnisses und der gemeinsamen Interpretation des Feldes.
- Sie fördert durch ihren sprachlichen, visuellen und kooperativen Ansatz die Verständigung zwischen den Disziplinen, aber auch zwischen Wissenschaft und Gesellschaft.
- Durch ihren bausteinartigen Aufbau von unten (Elemente und Relationen, Teilkonstellationen, Gesamtkonstellation) können heterogene Elemente gleichrangig eingebracht und aufeinander bezogen werden, ohne dass eine Disziplin Vorrang beansprucht und den ihr ‚unbekannten' Elementen und Strukturen quasi automatisch Nebenrollen zuweist.
- Da sie von Elementen anstatt von Disziplinen oder Theorien ausgeht, ist sie vielfältig (an verschiedene Disziplinen) anschlussfähig.
- Sie ist vielfältig, für unterschiedliche Fragestellungen und Anwendungsbereiche einsetzbar.
- Nicht zuletzt regt die Methode der Konstellationsanalyse mit ihrer spielerischen Vorgehensweise die Phantasie an und bereitet den Boden für innovative Vorschläge. Kurz gesagt: Uns hat die Arbeit mit ihr Spaß gemacht, wir haben sie als anregendes Forschungsinstrument erlebt.

Wir hoffen, dass das Handbuch auf die Konstellationsanalyse neugierig macht und zu ihrer Anwendung einlädt. In diesem Sinne schließt es mit einem Erfahrungsbericht eines Anwenders.

Erfahrungen mit der Konstellationsanalyse
(von Johann Köppel)

Als ich im Projekt „Windenergie – Eine Innovationsbiographie" zunächst in der Antragsphase begann, mich mit der Konstellationsanalyse zu befassen, war mein Kenntnisstand über diesen methodischen Ansatz noch gering. Ich hatte im Rahmen des Theorie-Arbeitskreises am Zentrum Technik und Gesellschaft nur sporadisch mitbekommen, wie etwa am Beispiel des ReUse-Projektes an der Methodik gearbeitet wurde. Ich war offen für diesen neuen methodischen Ansatz, der als interdisziplinäres Brückenkonzept dienen und die Kommunikation zwischen den Disziplinen verbessern sollte. In der Bearbeitung des Projektes haben wir uns frühzeitig darauf verständigt, die Konstellationsanalyse so, wie sie konzipiert war, anzuwenden und zu testen.

Anknüpfungspunkte für die Planungswissenschaften

Mein disziplinärer Hintergrund sind die Planungswissenschaften und so bin ich es gewohnt, unterschiedliche Blickwinkel auf einen Gegenstand zu berücksichtigen und abzuwägen. Gerade deshalb war ich zu Beginn unserer Arbeit dem neuen methodischen Ansatz gegenüber aufgeschlossen und neugierig darauf, was er mir bringen würde. Die Zusammenführung der unterschiedlichen Disziplinen – in unserem Fall der politikwissenschaftlichen, wissenschafts- und techniksoziologischen sowie der planungswissenschaftlichen Herangehensweisen, Methoden und Erkenntnisinteressen – mit Hilfe eines interdisziplinären Brückenkonzepts erschien mir als eine interessante Herausforderung. Es ging darum, die für alle beteiligten Disziplinen relevanten Begriffe, analytischen Kategorien und übergreifenden Fragestellungen aufeinander zu beziehen. Die Arbeit mit der Konstellationsanalyse hatte also instrumentellen Charakter.

Inter- und transdisziplinäre Verständigung und Zusammenarbeit ist für mich aus meiner langjährigen Arbeit in den Planungswissenschaften nichts Neues, sondern eine sehr vertraute Aufgabe. Die Kooperation unterschiedlicher Disziplinen ist bei den Planerinnen und Planern schon in der Ausbildung angelegt, unsere Arbeit ist von Grund auf querschnittsorientiert. Neben natur- und sozialwissenschaftlichen Aspekten hat die Berücksichtigung rechtlicher und ökonomischer Gesichtspunkte einen festen Platz in unserer Forschung und Lehre. Somit stieß die Idee, ein Instrumentarium zur systematischen Erarbeitung interdisziplinärer Analysen zu entwickeln, sogleich auf mein Interesse. Ich hatte jedoch zuvor nie mit einem mit der Konstellationsanalyse vergleichbaren Instrument gearbeitet. Ehrlich gesagt paarte sich mit meinem Interesse auch ein Stück leicht überheblicher Skepsis: Planungswissenschaftlerinnen und Planungswissenschaftler arbeiten seit jeher interdisziplinär und die thesenhafte Visualisierung von Zusammenhängen haben wir mit der akademischen Muttermilch eingesogen. Vor diesem Hintergrund ist es begrüßenswert, dass andere nun auch so viel Wert auf die querschnittsorientierte, interdisziplinäre Betrachtung eines Gegenstandes legen. Denn den Planungswissenschaften wird mitunter der wissenschaftliche Gehalt einer solchen querschnittshaften Betrachtung aberkannt. Multiperspektivische Analysen passen immer noch nicht so recht in unsere disziplinär verfestigten Forschungsstrukturen und -institutionen. Ich hoffe, dass durch den systematischen methodischen Ansatz der Konstellationsanalyse die wissenschaftliche Fundierung der interdisziplinären Arbeit gestärkt werden kann.

In der Planung geht es vorrangig um Entscheidungsprozesse. Zukünftiges Handeln wird gedanklich vorweggenommen und strukturiert. Hier zeigte sich im Windenergie-Projekt, dass die Konstellationsanalyse viele Anknüpfungspunkte für die Planungswissenschaften bereithält. Mit ihren Elemente-Typen wird sie zum Beispiel der bedeutenden Rolle von Akteuren und Akteurskonstellationen oder der Bedeutung der natürlichen Elemente, zumindest in der Umweltplanung, gerecht. Insofern baut die Konstellationsanalyse mit ihren Kategorien auf vielem auf, was für uns als Planer vertraute Gesichtspunkte sind. Wir neigen jedoch dazu, die Zeichenelemente einschließlich der planungsrechtlichen sowie ökonomischen Steuerungsimpulse überzubewerten, wir nehmen sehr schnell den Blickwinkel des Entscheiders, Investors oder Projektentwicklers ein. Durch die Analyse der gesamten Konstellation wird die Rolle der Akteure klarer, die Rolle institutionell-verfahrensorientierter Komponenten etwa wird mit allen anderen ausschlaggebenden Aspekten in Beziehung gebracht und zum Beispiel stark rechtlich begründete Standpunkte werden relativiert.

Erfahrungen in der Anwendung der Konstellationsanalyse

An der Arbeit mit der Konstellationsanalyse gefällt mir besonders, dass sie eine bildhafte Aufarbeitung und Darstellung von Entscheidungsprozessen insbesondere durch die Kartierung ermöglicht. Die Arbeit mit der Konstellationsanalyse in unserem interdisziplinären Projekt ermöglichte die Strukturierung sehr komplexer Sachverhalte.

Dabei war auch die radikale Begrenzung auf vier Elemente-Kategorien hilfreich. Eine derartig stringente Zuordnung zu den Kategorien Technik, natürliche Elemente, soziale Akteure und Zeichenelemente gab es in den mir bisher bekannten Ansätzen nicht. Die Technik ist für uns Umweltplanerinnen und Umweltplaner allzu gerne ein eher folgenträchtig intervenierendes Element gewesen. Die Konstellationsanalyse trägt zu einer objektiveren Betrachtung der Technikentwicklung bei.

Die Analyse der Konstellationen in der Innovationsbiographie der Windenergie hat zudem mein Vertrauen in mein Selbstverständnis als Planungswissenschaftler gestärkt. Die dargestellte Gesamtheit der Bedingungen von Technikentwicklung hat gezeigt, dass ein gewisses Maß an Steuerbarkeit durchaus gegeben ist. In den Planungswissenschaften haben wir oft den Eindruck, lediglich nachvollziehende Regelungen entwickeln zu können. Wir befassen uns mit den Wirkungen von Technik und versuchen dann mitzugestalten, um etwa den Blick auf möglichst umweltverträgliche Konzepte, Varianten, Alternativen zu lenken. Durch die Sichtung der Konstellationen des Entwicklungsprozesses wurde deutlich, dass planerische Steuerungsimpulse auch den Prozess aktiv mitgestalten können. Insofern war die Analyse für uns durchaus ermutigend.

Somit hatte die Konstellationsanalyse für mich – auch in der chronologischen Darstellung der Dynamik eines Entwicklungsprozesses – einen hohen analytischen Wert. Die Entstehungsbedingungen und auslösenden Impulse von Steuerungsinstrumenten wurden durch den analytischen Prozess transparenter. Wenn klar ist, welche Impulse zu einer aktuellen entscheidungsrelevanten Situation geführt haben, können die zugrunde liegenden ‚Gravitationsfelder' besser interpretiert werden und es fällt leichter, weiterführende Vorschläge zu unterbreiten.

Mit dem Vorgehen bei der Konstellationsanalyse wurde die interdisziplinäre Kommunikation in erfreulicher Weise gefördert. Die gemeinsamen Diskussionen über wesentliche und zentrale Aspekte in verschiedenen Phasen der Entwicklung waren lehrreich und gegenseitig befruchtend. Da leistete das Instrument gute Arbeit. In unserem Fall war es bedauerlich, dass nicht noch mehr unterschiedliche Disziplinen mit am Tisch saßen, dass zum Beispiel der Ingenieur den Prozess nicht über den gesamten Zeitraum begleiten konnte. Auch eine Ökonomin oder ein Ökonom am Tisch wäre hilfreich gewesen. Die Analyse hätte wahrscheinlich noch weit fruchtbarer sein können, wenn unser Konstellationsanalyse-Team disziplinär noch breiter gestreut gewesen wäre. Gerade Planungs- und Politikwissenschaften sind in ihren Ansätzen verwandt – die Brücken dieser beiden Disziplinen sind durch die interdisziplinäre Zusammenarbeit deutlich geworden.

Impulse zur interdisziplinären Ausrichtung erhielt die Landschafts- und Umweltplanung unter anderem vor etwa 30 Jahren, als der Ökologiegedanke Eingang in diesen Wissenschaftszweig fand. In der Folge wurden die Naturwissenschaften zum prägenden Faktor. Es dominierte der Glaube, dass Entscheidungen nach naturwissenschaftlichen Maßstäben und Zusammenhängen getroffen werden sollten. Wir waren getragen von der Ökologiewelle und glaubten an einen entsprechenden Rückhalt in der Gesellschaft. Dann mussten wir feststellen, dass dem keineswegs immer so ist: Die Gesellschaft wünscht nicht zwangsläufig ökologisch sinnvolle Entscheidungen, viele andere Kräfte beeinflussen die Entscheidungen mit. Insofern wurden immer stärker auch sozial- bzw. politikwissenschaftliche Aspekte in der planungswissenschaftlichen Forschung berücksichtigt.

In diesem Zusammenhang war es für uns zu Beginn des Projektes weitgehend offen, inwiefern planerische Steuerungsimpulse tatsächlich einen steuernden Effekt haben. Notwendig ist dafür die Entwicklung von Erfolgsindikatoren. Normalerweise gehen wir von der Hypothese aus, dass bewusste planerische Entscheidungen die beabsichtigten Wirkungen nach sich ziehen: Wenn ich einen entsprechenden Steuerungsimpuls setze, wird etwa eine bestimmte Entwicklung von Stadt und Landschaft erreicht. Dazu formulieren wir dann Evaluierungsansätze, um die Wirksamkeit der ursprünglichen Steuerungsabsichten zu überprüfen. Für mich hat sich durch die Konstellationsanalyse der Blick auf den Erfolg von Steuerung tatsächlich geweitet. Denn manchmal ist es schon als Erfolg zu werten, wenn sich bestimmte befördernde und verantwortlich handelnde Akteurskonstellationen bilden.

Umgang mit Kontroversen

Im Windenergieprojekt gab es in den Diskussionen um die beste Abbildung der Realität durchaus Kontroversen. Ohne Kontroversen wäre der Diskussionsprozess auch belanglos. Es schien mir jedoch immer möglich, durch die Arbeit mit der Konstellationsanalyse die Argumentationen zu objektivieren. Niemand der Beteiligten konnte einfach eine Behauptung in den Ring werfen, sondern alle Mitglieder des Konstellationsanalyse-Teams mussten ihre Aussagen klar begründen und belegen. Dadurch konnten Positionen anderer auch angenommen werden. In den Diskussionen um das Gefüge in der Konstellation kam es nicht – wie es sonst in heterogenen Gruppen häufig der Fall ist – dazu, dass sich gegensätzliche Positionen aufschaukelten. Die Methodik hat dazu beigetragen, Meinungsunterschiede in der Diskussion systematisch abzuarbeiten und zu klären. Bei uns im planerischen Sub-Team wurde zum Beispiel die Auffassung vertreten, dass der Prozess stets stark ökonomisch geprägt war. Ich finde, dass sich dieses Bild durch die Konstellationen doch relativiert hat.

Unser Team war nach meiner Meinung jedoch noch kein Härtetest für den methodischen Ansatz. Wir wissen nicht, wie das Ergebnis ausgefallen wäre, wenn in unserem Team mehr konträre und disziplinär aufgefächertere Standpunkte vertreten gewesen wären. Die Visualisierung in der Konstellationsanalyse trug allerdings meines Erachtens sehr dazu bei, konträre Standpunkte und unterschiedliche Blickwinkel zu integrieren und sich zu verständigen. Bei häufigeren Meinungsverschiedenheiten wäre es sicherlich hilfreich gewesen, die Diskussionen durch eine neutrale Moderatorin oder einen neutralen Moderator leiten zu lassen.

In interdisziplinären Teams und bei interdisziplinären Tagungen wird immer wieder deutlich, wie wenig die Wissenschaftlerinnen und Wissenschaftler dann doch aus ihrer Haut können und wie stark sie ihren disziplinären Perspektiven verhaftet sind. Wir werden von unseren Disziplinen schon an den Hochschulen weit mehr sektoral sozialisiert, als wir es selbst unmittelbar bemerken. Die Konstellationsanalyse bietet die Chance, über den disziplinären Tellerrand hinaus zu blicken.

Eine Hierarchie unter den Teammitgliedern hat aus meiner Sicht keine Auswirkung auf das Ergebnis gehabt. Meines Erachtens wurden dadurch unterschiedliche

Stärken in den Prozess eingebracht. Wer mehr Zeit hat, sich mit den Details eines Prozesses zu beschäftigen, kann auch mehr spezialisiertes Wissen einbringen. Wer an einem breiteren Spektrum von Projekten beteiligt ist, ist zwar weniger spezialisiert, kann aber eventuell Teilaspekte besser einordnen. Allerdings musste dies auch in aller Klarheit erst so erkannt werden. Um Zeit zu sparen, wäre es meines Erachtens sinnvoll, wenn diejenigen mit dem größten Spezialwissen jeweils eine Vorkartierung vornehmen würden. Durch die Projektleiterinnen und Projektleiter kann dann ein Plausibilitäts- und Qualitätssicherungsbeitrag geleistet und der Blick auf die Interpretation geweitet werden, sie sind aber auf die Grundsteinlegung der mit einem größeren spezifischen Zeitbudget ausgestatteten Wissenschaftlerinnen und Wissenschaftler angewiesen.

Interdisziplinäre Verständigung

Von herausragender Bedeutung ist es in der interdisziplinären Arbeit, sich so verständlich auszudrücken, dass alle Disziplinen einander verstehen. Wenn diese Verständlichkeit nicht gegeben ist, wird die Zusammenarbeit schwierig. Zu beobachten war dies in unserem Fall zuweilen bei der schriftlichen Fachsprache des Ingenieurs. Viele technische Grundlagen und Details hätte ich mir gerne ausführlicher erklären lassen. Wenn die Experten am Tisch sitzen, können sie Verständnisfragen an Ort und Stelle klären. Dahinter steht die These, dass wir in der interdisziplinären Arbeit alle gezwungen sind, uns einfach auszudrücken beziehungsweise für jeweils andere Disziplinen unverständliche Details möglichst unmittelbar zu klären, um einen gemeinsamen Standpunkt erarbeiten zu können. In der Arbeit mit der Konstellationsanalyse kann erfolgreich vermieden werden, dass man sich gegenseitig mit disziplinären Fachtermini bewirft und den jeweils anderen ‚unter den Tisch redet'.

In den Diskussionen über die Konstellationen lernt man viel voneinander – sowohl Sozialwissenschaftler(innen) von Techniker(inne)n als auch umgekehrt. Es wäre meines Erachtens wichtig, Konstellationen in frühen Phasen von Entwicklungen interdisziplinär zu analysieren, das würde die Chancen eines erfolgreichen Entwicklungsverlaufs sicherlich verbessern. Je früher man das unterschiedliche Expertenwissen zusammen bringt, desto besser. Insbesondere im Rahmen der Innovationsforschung wäre die Methode hilfreich, um die Entwicklung von Innovationen erfolgreich zu gestalten. Die Technikerinnen und Techniker können durch eine frühzeitige Konstellationsanalyse sowohl die Folgen als auch die Chancen ihrer Technik beizeiten besser abschätzen. In unserem Fall betrachteten wir die Geschichte einer Entwicklung, ich kann mir die Konstellationsanalyse aber auch als sehr nützlich für strategische Planungssituationen vorstellen.

Neu am Ansatz empfinde ich den Anspruch, die zentralen, treibenden Kräfte einer Konstellation mutig herauszuarbeiten; dabei geht es auch darum, zu gewichten. Ob es gelingt, argumentativ zu untermauern, welche Impulse die stärkeren und die wichtigeren waren, ist im Windenergie-Projekt noch offen. Es wäre schön, wenn es uns gelingt, auch durch die grafische Darstellung die Gewichtung der wirkenden Elemente zum Ausdruck zu bringen. Es ist schwierig genug zu entscheiden, was die zentralen Aspekte sind; die Elemente sind stark miteinander vernetzt. Aber gerade auf die Knoten im Netz zielt die Konstellationsanalyse.

Die Beschränkung auf ganz wenige, nämlich vier Elemente-Typen, ist meines Erachtens ein Novum. Wir haben oft darüber nachgedacht, ob nicht die Kategorie Zeichenelemente stärker differenziert werden müsste. Manchmal wurden im Projekt die Zeichenelemente als ‚Restmenge' bezeichnet – das trifft nicht den hohen Stellenwert dieses Elemente-Typs! Wichtig ist es meines Erachtens, den Begriff der Zeichenelemente zu füllen und klar zu definieren, was darunter gefasst werden soll. Manchmal war es auch nicht einfach, ein Element klar einem Typ zuzuordnen – was ist beispielsweise eine Institution? Zeichen oder Akteur? Eine Differenzierung dieser Kategorie birgt jedoch auch die Gefahr, sich in einer neuerlichen Unübersichtlichkeit zu verlieren. Aber fünf Elemente-Typen wären meines Erachtens noch handhabbar. Mein Vorschlag wäre eine Differenzierung nach einerseits eher staatlich-hoheitlich verankerten Zeichenelementen, zum Beispiel Gesetze, Verordnungen, politisch manifestierte Steuerung, und andererseits insbesondere (markt-)wirtschaftlicher Zeichenelemente, zum Beispiel Angebot, Nachfrage, Preis – da sehe ich einen großen Unterschied.

Mit der Konstellationsanalyse wird die Bedeutung einer Arbeit anerkannt, die quer zu den Disziplinen erfolgt und aus der ernsthafte wissenschaftliche Betrachtungen entwickelt werden. Sie wertet die querschnittsoriertierte, interdisziplinäre Arbeit gegenüber den sektoralen, disziplinären wissenschaftlichen Dogmen auf. Sie entlarvt die Selbstgefälligkeit einzelner Disziplinen, die oft ihrerseits mit recht überschaubaren Methoden arbeiten, welche dann mit einer unnötig verklausulierenden Aura versehen werden.

Die Methodik ist meines Erachtens flexibel genug, um sie auf ein großes Spektrum von Planungs- und Entscheidungsprozessen zu übertragen. Ob sie jedoch geeignet wäre, um im Extremfall zum Beispiel den Verlauf von Börsenkursen interpretierend nachzuvollziehen, weiß ich nicht. Es wäre eine Herausforderung für den Ansatz, ihn in unterschiedlichsten Anwendungsfeldern zu erproben.

Grenzen der Konstellationsanalyse

Als nachteilig habe ich den hohen Zeitaufwand für die Diskussionen und Kartierungen im interdisziplinär zusammengesetzten Team wahrgenommen. Zu Beginn der Arbeit war es auch nicht ganz einfach, zu verinnerlichen, was unter den jeweiligen Elemente-Typen zu verstehen ist. Eine noch gründlichere Einführung in die Arbeit mit der Konstellationsanalyse wäre hilfreich gewesen. Problematisch ist nach meiner Erfahrung auch, dass das Team oft stark auf das nachvollziehende Kartieren konzentriert ist, so dass die wissenschaftliche Abstraktion leicht in Vergessenheit gerät. Ich assoziiere diese Situation mit der eines Laboranten, der systematisch Probe um Probe untersucht und dabei die übergeordneten Gefüge aus den Augen verliert. Nicht alles erschließt sich direkt aus der Analyse des Zusammenspiels der Elemente. Es ist ebenso wichtig, Abstand zu nehmen, zu abstrahieren und sich die zentralen Fragestellungen zum Untersuchungsgegenstand in Erinnerung zu rufen!

Die zentrale Funktion der Konstellationsanalyse ist es, das Gefüge der verschiedenen Elemente zu verdeutlichen. Es wird deutlich, wie komplex sich scheinbar einfache Sachverhalte wie etwa die Entwicklung der Windkrafttechnologie darstellen, und durch wie viele unterschiedliche Faktoren der Entwicklungsprozess beeinflusst wird. Zentral ist es, die Komplexität analytisch klar zu erfassen und besser zu verstehen.

Dabei haben wir im Projekt auch versucht, die Elemente durch Beziehungspfeile miteinander zu verbinden. Das Abbilden von Beziehungen erinnerte mich an die Arbeit objektorientierter Programmierer oder auch an das Sensitivitätsmodell von Frederic Vester (vgl. Vester 1999) und ähnliche Modelle, die ganze Mensch-Umwelt-Systeme modellhaft abbilden wollten. Sie ersticken zuweilen in Komplexität. Vielleicht sollte man sich davon lösen, die kartierten Elemente sehr genau verdrahten zu wollen. Es besteht meines Erachtens bei der grafischen Präzisierung von Beziehungen zwischen den Elementen die Gefahr, die Darstellungen zu überfrachten. Ein Bild mit der Anordnung der Elemente reicht vielleicht schon aus, die genauere Erläuterung ist ohnehin sprachlich-argumentativ zu leisten.

Ausblick

Wir wissen noch nicht, wie die Konstellationsanalyse in der wissenschaftlichen Gemeinschaft aufgenommen wird. Es gibt immer ein gewisses Risiko dabei, einen neuen und noch dazu bewusst vergleichsweise einfach gehaltenen methodischen Ansatz vorzuschlagen. Die Entwicklung dieses Instrumentariums zeigt für mich jedoch, dass es sich lohnt, eine methodische Lücke zu füllen, neue Ansätze zu probieren und diese sorgfältig und umfassend auszuarbeiten.

Ich wünsche dem vorliegenden Buch, dass es dazu beiträgt, den Ansatz in der Wissenschaft und in der Zusammenarbeit von Wissenschaft und Praxis zu etablieren. Nach meiner Erfahrung kann die Konstellationsanalyse einen wichtigen Beitrag zum gegenseitigen Verständnis in der interdisziplinären Arbeit leisten.

Das Zentrum Technik und Gesellschaft und das Institut inter 3 sind angetreten, interdisziplinär zu arbeiten. Dieses Ziel muss methodisch untersetzt werden. Dafür ist es die originäre Aufgabe herauszuarbeiten, wie sich Interdisziplinarität operationalisieren lässt. Die Konstellationsanalyse ist nach meiner Einschätzung auf einem guten

Weg, sich als ein brauchbares Brückenkonzept für die inter- und transdisziplinäre Forschung zu entwickeln.

Für die Technische Universität Berlin kann dieser Ansatz dazu beitragen, den oft allzu leichtfertig unterstellten engen Betrachtungswinkel der Ingenieurwissenschaften auch einmal aufzulösen und zum Blick über den Tellerrand zu verführen. Ingenieurinnen und Ingenieure unterschätzen vielleicht noch immer Akzeptanzfragen beziehungsweise die gesellschaftliche Aufnahme ihrer Produkte und Konzepte. Gerade bei unserem Forschungsgegenstand Windenergie war dies beim Skalensprung von einer Nischen- zur Großtechnologie zu beobachten. Diese frühe Reflexion von technischen Entwicklungen möge, auch über die Konstellationsanalyse, in die TU hineingetragen werden.

Prof. Dr. Johann Köppel
Institut für Landschaftsarchitektur und Umweltplanung
Technische Universität Berlin

Literatur

Baccini, P. 2006. Überleben mit Umweltforschung. GAIA 15 (1): 24-29.

Bammé, A. 2004. Science Wars. Von der akademischen zur postakademischen Wissenschaft. Campus. Frankfurt a.M.

Bechmann, G. 2000. Das Konzept der „Nachhaltigen Entwicklung" als problemorientierte Forschung. Zum Verhältnis von Normativität und Kognition in der Umweltforschung. In: Brand, K.-W. (Hg.), Nachhaltige Entwicklung und Transdisziplinarität. Besonderheiten, Probleme und Erfordernisse der Nachhaltigkeitsforschung. Analytica. Berlin: 31-46.

Becker, E. & Jahn, T. 2000. Sozial-ökologische Transformationen – Theoretische und methodische Probleme transdisziplinärer Nachhaltigkeitsforschung. In: Brand, K.-W. (Hg.), Nachhaltige Entwicklung und Transdisziplinarität. Besonderheiten, Probleme und Erfordernisse der Nachhaltigkeitsforschung. Analytica. Berlin: 67-84.

Benz, A. (Hg.) 2004. Governance - Regieren in komplexen Regelsystemen. Eine Einführung. VS Verlag für Sozialwissenschaften. Wiesbaden.

Bergmann, M., Brohmann, B., Hoffmann, E., Loibl, M.C., Rehaag, R., Schramm, E. & Voß, J.-P. 2005. Qualitätskriterien transdisziplinärer Forschung. Ein Leitfaden für die formative Evaluation von Forschungsprojekten. ISOE. Frankfurt a.M.

Bijker, W. & Law, J. (Hg.) 1992. Shaping Technology, Building Society. MIT Press. Cambridge, MA.

Blanckenburg, C.v., Böhm, B., Dienel, H.-L. & Legewie, H. 2005. Leitfaden für interdisziplinäre Forschergruppen: Projekte initiieren – Zusammenarbeit gestalten. Franz Steiner Verlag. Stuttgart.

Brand, K.-W. 2000. Nachhaltigkeitsforschung. Besonderheiten, Probleme und Erfordernisse eines neuen Forschungstyps. In: Brand, K.-W. (Hg.), Nachhaltige Entwicklung und Transdisziplinarität. Besonderheiten, Probleme und Erfordernisse der Nachhaltigkeitsforschung. Analytica. Berlin: 9-28.

Braun-Thürmann, H. 2005. Innovationen. Transcript. Bielefeld.

Brewer, G.D. & DeLeon, P. 1983. The Foundations of Policy Analysis. Homewood, IL.

Callon, M., Law, J. & Rip, A. (Hg.) 1986. Mapping the Dynamics of Science and Technology. MacMillan Press. Houndmills.

Clarke, A. & Fujimura, J.H. (Hg.) 1992. The Right Tools for the Job: At Work in Twentieth-century Life Science. Princeton University Press. Princeton, NJ.

Decker, M. & Grunwald, A. 2001. Rational Technology Assessment as Interdisciplinary Research, in: Decker, M. (Hg.), Interdisciplinarity in Technology Assessment. Implementation and Its Chances and Limits. Springer. Berlin: 33-60.

Defila, R. & Di Giulio, A. 1999. Evaluationskriterien für inter- und transdisziplinäre Forschung. Panorama Sondernummer 99: Transdisziplinarität evaluieren – aber wie?: 5-12.

Degele, N. 2002. Einführung in die Techniksoziologie. UTB. Stuttgart.

Ellrich, L., Funken, C. & Meister, M. 2001. Kultiviertes Misstrauen. Bausteine zu einer Soziologie strategischer Netzwerke. Sociologia Internationalis 39 (2): 191-234.

Emery, F. 1993 [1959]. Characteristics of Socio-Technical Systems. In: Trist, E.L. & Murray, H. (Hg.), The Social Engagement of Social Science: A Tavistock Anthology. Vol. II: The Socio-Technical Perspective. The University of Pennsylvania Press. Philadelphia, PA.

Ferguson, E.S. 1992. Engineering and the Mind's Eye. MIT Press. Cambridge, MA.

Forschungsverbund „Blockierter Wandel?" 2006. Blockierter Wandel? Denk- und Handlungsräume für eine nachhaltige Regionalentwicklung. oekom Verlag. München.

Fujimura, J. 1991. On Methods, Ontologies, and Representation in the Sociology of Science: Where Do We Stand? In: Maines, D. (Hg.), Social Organization and Social Process: Essays in Honor of Anselm Strauss. De Gruyter. Berlin: 207-248.

Fujimura, J. 1992. Crafting Science: Standardized Packages, Boundary Objects, and ‚Translation'. In: Pickering, A. (Hg.), Science as Practice and Culture. University of Chicago Press. Chicago, Il.: 168-213.

Funtowicz, S. & Ravetz, J.R. 1993. Science for the Post-Normal Age. Futures 25: 739-755.

Funtovicz, S., Ravetz, J.R. & O'Connor, M. 1998. Challenges in the Use of Science for Sustainable Development. International Journal for Sustainable Development 1 (1): 99-107.

Funtowicz, S. & Ravetz, J.R. 2001. Post-Normal Science. Science and Governance under Conditions of Complexity. In: Decker, M. (Hg.), Interdisciplinarity in Technology Assessment. Implementation and its Chances and Limits. Springer. Berlin: 15-24.

GAIA-Disput. 2003. Stiche, Stichproben, Stichworte: Übergangszustände der Evaluation von „Tauschzonen des Wissens". GAIA 12 (2): 87-99.

Galison, P. 1997. Image and Logic. A Material Culture of Microphysics. University of Chicago Press. Chicago, Il.

Galison, P. 2004. Heterogene Wissenschaft: Subkulturen und Trading Zones in der modernen Physik. In: Strübing, J., Schulz-Schaeffer, I., Meister, M. & Gläser, J. (Hg.), Kooperation im Niemandsland. Neue Perspektiven auf Zusammenarbeit in Wissenschaft und Technik. Leske + Budrich. Opladen: 27-57.

Gibbons, M., Limoges, C., Nowotny, H., Schwartzman, S., Scott, P. & Trow, M. 1994. The New Production of Knowledge. The Dynamics of Science and Research in Contemporary Societies. Sage. London.

Gilfillan, S.C. 1970 [1935]. The Sociology of Invention. MIT Press. Cambridge, MA.

Gläser, J. 2001. Modus 2a und Modus 2b. In: Bender, G. (Hg.), Neue Formen der Wissenserzeugung. Campus. Frankfurt a.M.: 83-122.

Grunwald, A. 1999. Transdisziplinäre Umweltforschung: Methodische Probleme der Qualitätssicherung. TA-Datenbank Nachrichten 8 (3-4): 32-39.

Häberli, R. & Grossenbacher-Mansuy, W. 1998. Transdisziplinarität zwischen Förderung und Überforderung. Erkenntnisse aus dem SPP Umwelt. GAIA 7 (3): 196-213.

Hacking, I. 1999. Was heißt „soziale Konstruktion"? Zur Konjunktur einer Kampfvokabel in den Wissenschaften. Fischer. Frankfurt a.M.

Halfmann, J., Bechmann, G. & Rammert, W. (Hg.) 1995. Technik und Gesellschaft. Jahrbuch 8: Theoriebausteine der Techniksoziologie. Campus. Frankfurt a.M.

Henderson, K. 1998. On Line and on Paper. Visual Representations, Visual Culture and Computer Graphics in Design Engineering. MIT Press. Cambridge, MA.

Heymann, M. & Wengenroth, U. 2001. Die Bedeutung von ‚tacit knowledge' bei der Gestaltung von Technik. In: Beck, U. & Bonß, W. (Hg.), Die Modernisierung der Moderne. Suhrkamp. Frankfurt a.M.: 106-121.

Hutchins, E. 1996. Cognition in the Wild. MIT Press. Cambridge, MA.

Jaeger, J. & Scheringer, M. 1998. Transdisziplinarität: Problemorientierung ohne Methodenzwang. GAIA 7 (1): 10-25.

Jasanoff, S., Markle, G.E., Petersen, J.C. & Pinch, T. (Hg.) 1994. Handbook of Science and Technology Studies. Sage. Thousand Oaks, CA.

Kooiman, J. 2003. Governing as Governance. Sage. London, Thousand Oaks, New Delhi.

Latour, B. 1987. Science in Action: How to Follow Scientists and Engineers through Society. Harvard University Press. Cambridge, MA.

Latour, B. 1988. The Pasteurization of France. Harvard University Press. Cambridge, MA.

Latour, B. 1995. Wir sind nie modern gewesen. Versuch einer symmetrischen Anthropologie. Akademie Verlag. Berlin.

Latour, B. 1996a. On Actor-Network Theory. A few Clarifications. Soziale Welt 47 (4): 369-381.

Latour, B. 1996b. Der Berliner Schlüssel. Erkundungen eines Liebhabers der Wissenschaften. Akademie Verlag. Berlin.

Latour, B. 2005. Reassembling the Social. An Introduction to Actor-Network-Theory. Oxford University Press. Oxford.

Law, J. 1987. Technology and Heterogeneous Engeneering: The Case of Portuguese Expansion. In: Bijker, W., Hughes, T. & Pinch, T. (Hg.), The Social Construction of Technological Systems. MIT Press. Cambridge, MA: 111-134.

Law, J. 1995, Traduction/Trahison: Notes on ANT. Published by the Centre for Science Studies, Lancaster University. Lancaster. Internetdokument unter:
http://www.comp.lancs.ac.uk/sociology/papers/law-traduction-trahison.pdf (15.04.2004).

Loibl, M.C. 2004. Spannungen in heterogenen Forschungsteams. Prioritätenkonflikte nach Wissenschaftskulturen, institutionellen Zugehörigkeiten und Gender. In: Strübing, J., Schulz-Schaeffer, I., Meister, M. & Gläser, J. (Hg.), Kooperation im Niemandsland. Neue Perspektiven auf Zusammenarbeit in Wissenschaft und Technik. Leske + Budrich. Opladen: 231-247.

Mayntz, R. 1997. Politische Steuerung: Aufstieg, Niedergang und Transformation einer Theorie. In: Mayntz, R. (Hg.), Soziale Dynamik und politische Steuerung. Campus. Frankfurt a.M., New York: 263-292.

Merton, R.K. 1967. Social Theory and Social Structure. The Free Press. New York.

Mittelstrass, J. 1992. Auf dem Wege zur Transdisziplinarität. GAIA 1 (5): 250ff.

Mogalle, M. 2001. Management transdisziplinärer Forschungsprozesse. Birkhäuser. Basel, Boston, Berlin.

Nicolini, M. 2001. Sprache Wissenschaft Wirklichkeit. Zum Sprachgebrauch in inter- und transdisziplinärer Forschung. Bundesministerium für Bildung, Wissenschaft und Kultur. Wien.

Nölting, B., Voß, J.-P. & Hayn, D. 2004. Nachhaltigkeitsforschung – jenseits von Disziplinierung und „anything goes". GAIA 13 (4): 272-279.

Nowotny, H. 1999. The Need for Socially Robust Knowledge. TA-Datenbank Nachrichten 8 (3-4): 12-16.

Nowotny, H., Scott, P. & Gibbons, M. 2001. Re-Thinking Science. Knowledge and the Public in an Age of Uncertainty. Polity Press. Oxford.

Nowotny, H., Scott, P. & Gibbons, M. 2003. ‚Mode 2' Revisited. The New Production of Knowledge. Minerva 41 (3): 179-194.

Pickering, A. 1989. Living in the Material World: On Realism and Experimental Practice. In: Gooding, D., Pinch, T. & Schaffer, S. (Hg.), The Uses of Experiment. Cambridge University Press. Cambridge, MA.: 275-297.

Pickering, A. (Hg.) 1992. Science as Practice and Culture. University of Chicago Press. Chicago, IL.

Pickering, A. 1993. The Mangle of Practice. Agency and Emergence in the Sociology of Science. American Journal of Sociology 99: 559-589.

Pierre, J. & Peters, G.B. 2000. Governance, Politics and the State. St. Martin's Press. New York.

Pohl, C. & Hirsch Hadorn, G. 2006. Gestaltungsprinzipien für die transdisziplinäre Forschung. Ein Beitrag des td-net. oekom Verlag. München.

Rammert, W. (Hg.) 1998a. Technik und Sozialtheorie. Campus. Frankfurt a.M.

Rammert, W. 1998b. Technikvergessenheit der Soziologie? Eine Erinnerung als Einleitung. In: Rammert, W. (Hg.), Technik und Sozialtheorie. Campus. Frankfurt a.M.: 9-28.

Rammert, W. 2000. Technik aus soziologischer Perspektive 2. Kultur - Innovation - Virtualität. Westdeutscher Verlag. Opladen.

Rammert, W. 2003a. Technik in Aktion: Verteiltes Handeln in soziotechnischen Konstellationen. In: Christaller, T. & Wehner, J. (Hg.), Autonome Maschinen. Campus. Frankfurt a.M.: 289-315.

Rammert, W. 2003b. Technik als verteilte Aktion. Wie technisches Wirken als Agentur in hybriden Aktionszusammenhängen gedeutet werden kann. In: Kornwachs, K. (Hg.), Technik – System – Verantwortung. LIT Verlag. Münster: 219-231.

Rammert, W. & Schulz-Schaeffer, I. (Hg.) 2002. Können Maschinen handeln? Soziologische Beiträge zum Verhältnis von Mensch und Technik. Campus. Frankfurt a.M.

Reibnitz, U.v. 1992. Szenario-Technik. Gabler. Wiesbaden.

Schophaus, M., Schön, S. & Dienel, H.-L. (Hg.) 2004. Transdisziplinäres Kooperationsmanagement. Neue Wege in der Zusammenarbeit zwischen Wissenschaft und Gesellschaft. oekom Verlag. München.

Schulz-Schaeffer, I. 2000. Sozialtheorie der Technik. Campus. Frankfurt a.M.

Schuppert, G.F. (Hg.) 2005. Governance-Forschung. Vergewisserung über Stand und Entwicklungslinien. Nomos. Baden-Baden.

Sørensen, K.H. & Williams, R. (Hg.) 2002. Shaping Technology, Guiding Policy. Concepts, Spaces, and Tools. Edward Elgar. Cheltenham.

Star, S.L. 1989. The Structure of Ill-Structured Solutions: Boundary Objects and Heterogeneous Distributed Problem Solving. In: Gasser, L. & Huhns, M.N. (Hg.), Distributed Artificial Intelligence. Research Notes in Artificial Intelligence. Pitman. London: 37-54.

Star, S.L. 1991. Power, Technologies and the Phenomenology of Conventions: On Being Allergic to Onions. In: Law, J. (Hg.), A Sociology of Monsters: Essays on Power, Technology and Domination. Sage. London: 26-56.

Star, S.L. 1996. Working Together: Symbolic Interactionism, Activity Theory, and Information Systems. In: Engestrom, Y. & Middleton, D. (Hg.), Cognition and Communication at Work. Cambridge University Press. Cambridge, MA.: 296-318.

Star, S.L. 2003. Kooperation ohne Konsens in der Forschung: Die Dynamik der Schließung in offenen Systemen. In: Strübing, J., Schulz-Schaeffer, I., Meister, M. & Gläser, J. (Hg.), Kooperation im Niemandsland. Neue Perspektiven auf Zusammenarbeit in Wissenschaft und Technik. Leske + Budrich. Opladen: 58-76.

Star, S.L. & Griesemer, J.R. 1989. Institutional Ecology, 'Translations' and Boundary Objects: Amateurs and Professionals in Berkley's Museum of Vertebrate Zoology, 1907-1939. Social Studies of Science 19: 387-420.

Strübing, J. 1997. Symbolischer Interaktionismus revisited: Konzepte für die Wissenschafts- und Technikforschung. Zeitschrift für Soziologie 26 (5): 368-386.

Strübing, J. 2005. Pragmatistische Wissenschafts- und Technikforschung. Theorie und Methode. Campus. Frankfurt a.M.

Suchman, L. 1996. Constituting Shared Workspaces. In: Engestrom, Y. & Middleton, D. (Hg.), Cognition and Communication at Work. Cambridge University Press. Cambridge, MA: 35-60.

Sydow, J. & Windeler, A. (Hg.) 2000. Steuerung von Netzwerken. Konzepte und Praktiken. Westdeutscher Verlag. Opladen.

Vester, F. 1999: Die Kunst, vernetzt zu denken. Ideen und Werkzeuge für einen neuen Umgang mit Komplexität. Deutsche Verlags-Anstalt. Stuttgart.

Willke, H. 2003. Heterotopia. Studien zur Krisis der Ordnung moderner Gesellschaften. Suhrkamp. Frankfurt a.M.

Die Autorinnen und Autoren

Susanne Schön
Diplomierte Politologin, promovierte Soziologin; stellvertretende Geschäftsführerin des Zentrum Technik und Gesellschaft der TU Berlin und wissenschaftliche Leiterin von inter 3 – Institut für Ressourcenmanagement. Arbeitsschwerpunkte: inter- und transdisziplinäre Konzepte und Methoden, Innovations- und Nachhaltigkeitsforschung, Infrastrukturforschung, Kooperationsforschung.

Sylvia Kruse
Dipl.-Umweltwissenschaftlerin, 2003–2006 wissenschaftliche Mitarbeiterin bei inter 3 Institut für Ressourcenmanagement, Berlin. Arbeitsschwerpunkte: Nachhaltigkeitsforschung, Regional- und Siedlungsentwicklung, Wasserwirtschaft, Partizipation. Zurzeit Promotion an der Universität Lüneburg im Bereich der sozial-ökologischen Raumforschung zum Handlungsfeld Hochwasserschutz und Stipendiatin der Heinrich-Böll-Stiftung.

Martin Meister
MA Politikwissenschaft, wissenschaftlicher Koordinator Innovationsforschung am Zentrum Technik und Gesellschaft der TU Berlin. Vorstand der Deutschen Gesellschaft für Wissenschafts- und Technikforschung. Arbeitsschwerpunkte: Science and Technology Studies, Soziologie sozialer Netzwerke, interdisziplinäre Innovationsforschung, Methodiken der Untersuchung von Mensch-Technik-Interaktivität.

Benjamin Nölting
MA in Geschichte, Promotion im Fach Politikwissenschaft zur Umweltpolitik, wissenschaftlicher Mitarbeiter am Zentrum Technik und Gesellschaft der TU Berlin im Forschungsprojekt „Regionaler Wohlstand neu betrachtet". Arbeitsschwerpunkte: Nachhaltigkeitsforschung, Regionalentwicklung, Agrar- und Umweltpolitik, Institutionenanalyse und Methoden transdisziplinärer Nachhaltigkeitsforschung.

Dörte Ohlhorst
Diplom-Politologin, wissenschaftliche Mitarbeiterin am Zentrum Technik und Gesellschaft der TU Berlin. Arbeitsschwerpunkte: Energie- und Verkehrspolitik, Methoden interdisziplinärer Forschung, kooperative Planungsprozesse, Nachhaltigkeitsforschung. Zurzeit Promotion an der FU Berlin, Forschungsstelle für Umweltpolitik zur Innovationsbiographie der Windenergie.

Nachhaltigkeit A-Z →

T wie transdisziplinär

Unsere Wissensgesellschaft fordert Forschung, die sich den komplexen Problemen unserer Welt stellt. Transdisziplinäre Forschung überschreitet Grenzen zwischen Fachbereichen und erfasst unterschiedlichste Blickwinkel – eine große Herausforderung für alle Beteiligten.
Diese fundierte Einführungslektüre bietet Methoden für die Planung, Durchführung und Bewertung von transdisziplinären Projekten.

C. Pohl, G. Hirsch Hadorn
Gestaltungsprinzipien für die transdisziplinäre Forschung
Ein Beitrag des td-net
oekom verlag, München 2006, 119 Seiten, 29,80 EUR
ISBN 10: 3-86581-000-4, ISBN 13: 978-3-86581-000-7

S wie Struktur für Forschung

Forschung zur Nachhaltigkeit ist geprägt von komplexen Fragestellungen und heterogenen Projektteams. Eine besondere Herausforderung liegt in der Koordination und Integration der verschiedenen Wissensbereiche und Kompetenzen. Dieses Buch kann helfen, die inhaltliche und zwischenmenschliche Zusammenarbeit von interdisziplinären Forschungsteams und Praktikern in Projektverbünden entscheidend zu verbessern.

V. Rabelt, T. Büttner, K.-H. Simon, P. v. Rüth (Hrsg.)
Neue Wege in der Forschungspraxis
Begleitinstrumente in der transdisziplinären Nachhaltigkeitsforschung
oekom verlag, München 2007, ca. 100 Seiten, 24,80 EUR
ISBN 10: 3-86581-015-2, ISBN 13: 978-3-86581-015-1

Erhältlich bei
www.oekom.de
oekom@rhenus.de
Fax +49/(0)81 91/970 00-405

Nachhaltigkeit A-Z →

W wie Wissen zum Handeln

Fast jedes der 40 Kapitel der Agenda 21 betont, wie wichtig die Wissenschaft für die Umsetzung der globalen nachhaltigen Entwicklung ist. Aber wie sieht es aus an der Schnittstelle zwischen Wissenschaft und Praxis? Peter Moll und Ute Zander untersuchen, wie sich die Wissenschaft im Dialog mit der Praxis verändert, wenn sie zu ergebnisorientierter Wissenschaft werden will.

P. Moll, U. Zander
Managing the Interface
From Knowledge to Action in Global Change and Sustainability Science
oekom verlag, München 2006, engl. Fassung, 160 Seiten, 24,80 EUR
ISBN 10: 3-86581-052-7, ISBN 13: 978-3-86581-052-6

T wie Teamarbeit

Gesellschaftliche Probleme lassen sich am besten fachübergreifend und mit Vertreter(inne)n aus Wissenschaft und Praxis gemeinsam lösen. Dieses Handbuch hilft allen, die in solchen Verbundprojekten erfolgreich arbeiten wollen.
Anwendungsnah stellen die Autor(inn)en neue und bewährte Konzepte des Projektmanagements und der Prozessgestaltung vor und liefern zahlreiche Anregungen für die Praxis.

M. Schophaus, S. Schön, H.-L. Dienel (Hrsg.)
Transdisziplinäres Kooperationsmanagement
Neue Wege in der Zusammenarbeit zwischen Wissenschaft und Gesellschaft
oekom verlag, München 2004, 193 Seiten, 22,- EUR
ISBN 10: 3-936581-44-4, ISBN 13: 978-3-936581-44-7

Erhältlich bei
www.oekom.de
oekom@rhenus.de
Fax +49/(0)81 91/970 00-405

oekom verlag